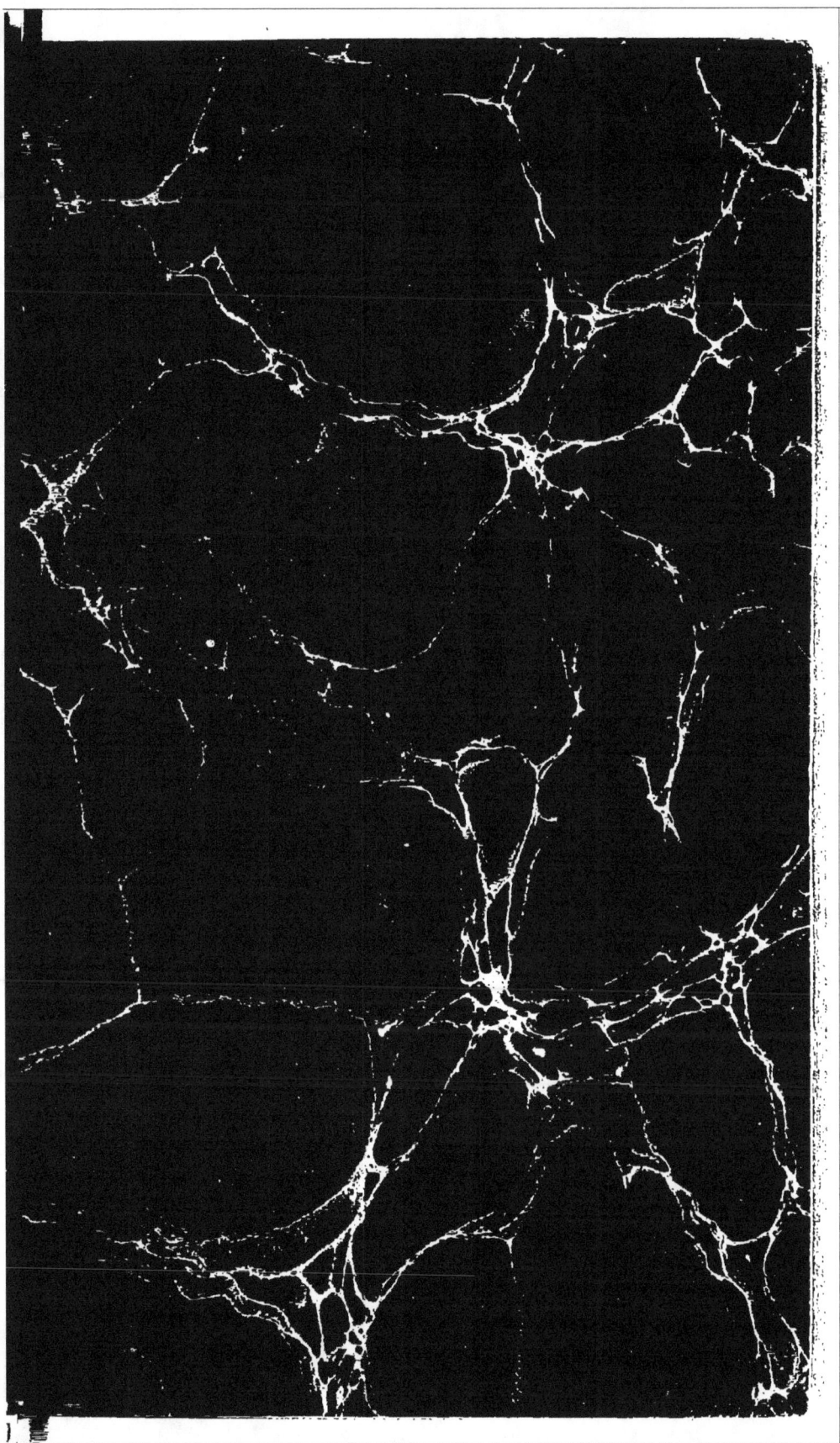

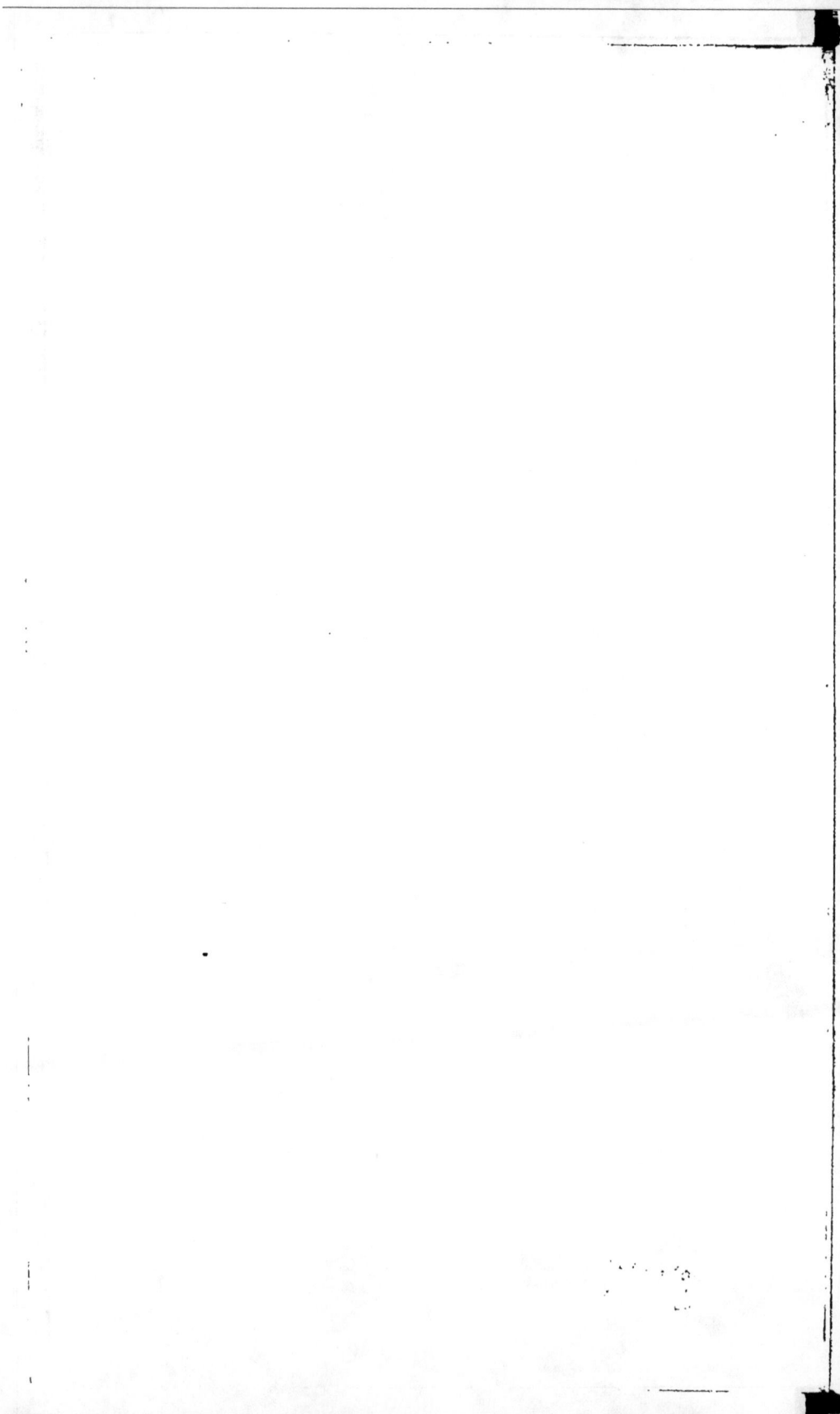

DE L'INSTINCT

ET

DE L'INTELLIGENCE

DES ANIMAUX.

PARIS. — IMPRIMERIE DE J. CLAYE

RUE SAINT-BENOIT, 7

DE L'INSTINCT

ET DE

L'INTELLIGENCE

DES ANIMAUX

PAR P. FLOURENS

Membre de l'Académie Française
et Secrétaire perpétuel de l'Académie des Sciences (Institut
de France); Membre des Sociétés et Académies royales des Sciences
de Londres, Édimbourg, Stockholm, Turin, Munich, Gœttingue,
Saint-Pétersbourg, Prague, Pesth, Madrid, Bruxelles, etc.;
Professeur au Muséum d'histoire naturelle
et au Collége de France.

QUATRIÈME ÉDITION
ENTIÈREMENT REFONDUE ET CONSIDÉRABLEMENT AUGMENTÉE.

PARIS

GARNIER FRÈRES, LIBRAIRES-ÉDITEURS

6, RUE DES SAINTS-PÈRES

1861

La première édition de ce livre a paru en 1841.

A chaque nouvelle édition, j'ai tâché de le rendre plus digne de l'attention des bons esprits.

Il n'est pas d'homme, je dis même parmi les plus occupés, qui, dans un de ces moments de loisir d'esprit et de méditation philosophique que tout

homme sensé a toujours grand soin de
se conserver, n'ait cherché à se rendre
compte des actes des animaux, de leurs
penchants, de leurs industries, de leurs
facultés *relatives aux nôtres*, pour parler comme Buffon.

Ces êtres animés,

Hôtes de l'univers sous le nom d'animaux,

dit le bon La Fontaine, nous intéres-
sent surtout par leur intelligence.

Cette espèce d'intelligence, qui leur
est propre, étonne et confond la nôtre.
Elle a confondu les plus grands esprits :
les Aristote et les Descartes.

Le dernier mot sur *l'instinct* et l'*in-*

telligence des animaux , quelqu'un le saura-t-il jamais? Et, lors même qu'on le saurait, devrait-on le dire? Il est trop heureux pour l'homme d'avoir toujours devant soi quelqu'un de ces problèmes infinis qui répondent seuls à l'activité infinie de son esprit.

Ces problèmes, qu'on ne résout pas en ce monde, auront leur solution dans un autre. Et c'est même là, si je ne me trompe, un des indices les plus sûrs qu'il faut qu'il y en ait un.

————

PREMIÈRE PARTIE

ÉTUDES PHILOSOPHIQUES

PRICO ...

ÉTUDES
PHILOSOPHIQUES

I

ÉTUDE POSITIVE
DE L'INSTINCT ET DE L'INTELLIGENCE
DES ANIMAUX

PRÉAMBULE.

L'étude positive des instincts et de l'intelligence des animaux, commencée par Buffon
et par Réaumur, a été, pour la première
fois peut-être, indiquée comme une science
propre par G. Leroy, l'auteur ingénieux

des *Lettres philosophiques sur les animaux*[1].

« Les descriptions anatomiques, dit G. Le-
« roy, les caractères extérieurs qui distin-
« guent les espèces, les inclinations na-
« turelles qui les différencient, sont sans
« doute des objets très-importants de l'his-
« toire des bêtes ; mais quand tout cela est
« connu, il me semble qu'il y a encore
« beaucoup à faire pour le philosophe[2]. »

Il ajoute : « Le naturaliste, après avoir
« bien observé la structure des parties, soit
« extérieures, soit intérieures des animaux,
« et deviné leur usage, doit quitter le scalpel,
« abandonner son cabinet, s'enfoncer dans
« les bois pour suivre les allures de ces
« êtres sentants, juger des développements
« et des effets de leur faculté de sentir,

1. Publiées d'abord sous le titre de : *Lettres sur les
animaux, par un physicien de Nuremberg ;* Paris,
1781 ; et, plus tard (dans une édition donnée, après la
mort de l'auteur, par Roux-Fazillac), sous le titre de :
*Lettres philosophiques sur l'intelligence et la per-
fectibilité des animaux,* etc., par Charles-Georges
Leroy ; Paris, 1802.

2. *Lettres philosophiques,* etc., p. 2.

« et voir comment, par l'action répétée de
« la sensation et de l'exercice de la mé-
« moire, leur instinct s'élève jusqu'à l'in-
« telligence[1]. »

Ainsi, d'après G. Leroy, outre l'anatomie qui étudie les parties des animaux et la
zoologie qui marque les caractères de leurs
espèces, il y a un champ déterminé de recherches, une science propre ; et l'objet de
cette science propre est l'étude positive et
d'observation, l'étude expérimentale des faits
de l'intelligence des animaux.

Et, comme on voit, cette science est toute
nouvelle. Non, assurément, qu'on ne se soit
beaucoup occupé, depuis Descartes, de la
question métaphysique de l'âme des bêtes.
Je ne sais, au contraire, s'il est une seule
autre question de ce genre sur laquelle on
ait plus écrit. Mais, je le répète, pour
l'étude positive et d'observation, pour l'étude
des faits, elle commence avec Réaumur,
avec Buffon, avec G. Leroy, se continue

1. *Lettres philosophiques*, etc., p. 4.

1.

depuis par quelques observateurs habiles,
et reçoit enfin, de nos jours, un certain
ensemble des travaux de quelques-uns de
nos contemporains, notamment des deux
Huber sur les insectes et de F. Cuvier sur
les mammifères.

DESCARTES.

La question métaphysique de l'âme des
bêtes est née, comme chacun sait, d'une opinion de Descartes. On commençait à se las-
ser des vieilles querelles sur Aristote. Il fallait à la dispute, ce besoin éternel des écoles,
des sujets nouveaux. Descartes vint pour re-
nouveler tout à la fois le champ et la forme
de la philosophie. Son opinion sur le *pur automatisme* des bêtes fit surtout une fortune
prodigieuse. La chose vint à ce point qu'il
ne fut presque plus permis de se dire cartésien
qu'à la condition de soutenir que les bêtes
sont des machines. C'est ce que remarque

avec esprit le P. Daniel, dans une de ses
Lettres[1]. « Le point essentiel, dit-il, du car-
« tésianisme, et comme la pierre de touche
« dont vous vous servez, vous autres chefs
« de parti, pour reconnaître les fidèles disci-
« ples de votre grand maître, c'est la doctrine
« des automates, qui fait de pures machines
« de tous les animaux, en leur ôtant tout sen-
« timent et toute connaissance. Quiconque a
« assez d'entêtement pour ne trouver nulle
« difficulté à ce paradoxe a aussitôt votre
« agrément pour se faire partout honneur du
« nom de cartésien. Ce seul point renferme
« ou suppose tous les principes et tous les
« fondements de la secte... Avec cela il est
« impossible de n'être pas cartésien, et sans
« cela il est impossible de l'être. »

Mais si, d'un côté, le *pur automatisme* des
bêtes fut soutenu avec chaleur par les vrais
cartésiens, il fut combattu, de l'autre, par
une foule d'écrivains qui n'apportèrent dans

1. *Suite du Voyage du monde de Descartes.* —
Lettre première touchant la connaissance des bêtes,
p. 3.

la dispute ni moins d'ardeur, ni moins de persévérance. De là tous ces livres sur l'*âme des bêtes*, dont les premiers commencent avec Descartes, et dont les derniers ne finissent guère qu'avec le XVIIIᵉ siècle.

La plupart de ces livres méritent d'être lus. Une certaine force philosophique règne dans celui du P. Pardies[1], dans celui de Boullier[2]; il y a de l'esprit dans celui du P. Daniel[3]; celui du P. Boujeant[4], qui veut que *les bêtes ne soient que des diables*, et qui explique par là comment elles pensent, connaissent et sentent, est un badinage ingénieux. C'est le contre-pied le plus formel et la critique la plus fine de l'opinion de Descartes. Descartes refuse aux bêtes tout esprit; et le P. Boujeant leur en trouve tant qu'il veut que ce soient des diables qui le leur fournissent.

Mais tous ces livres pèchent par les mê-

1. *Discours de la connaissance des bêtes.*
2. *Essai philosophique sur l'âme des bêtes.*
3. *Suite du Voyage du monde de Descartes.*
4. *Amusement philosophique sur le langage des bêtes.*

mes vices : le défaut de faits, les raisonnements à vide; le lecteur se lasse de voir que
la question n'avance pas. Et comment avan-
cerait-elle? La question de l'intelligence des
bêtes est une question de faits, une question
d'étude expérimentale; ce ne peut être une
simple thèse de métaphysique. Or, tous ces
auteurs, à commencer par Descartes, ne sortent jamais de la thèse métaphysique. C'est
ce qu'il est aisé de faire voir, et particulièrement dans Descartes.

L'ouvrage où Descartes a parlé le plus
amplement de l'*automatisme* des bêtes est
son *Discours sur la méthode;* et là il en
donne ces deux raisons, toutes deux très-fines
et très-profondes : la première, que « jamais
« les bêtes ne sauraient user de paroles ni
« d'autres signes, comme nous faisons pour
« déclarer aux autres nos pensées; » et la seconde, que « bien que les bêtes fassent plu-
« sieurs choses aussi bien et peut-être mieux
« qu'aucun de nous, elles manquent infailli-
« blement en quelques autres, par lesquelles

« on découvre qu'elles n'agissent pas par
« connaissance, mais seulement par la dispo-
« sition de leurs organes[1]. »

« C'est une chose bien remarquable, dit-
« il, qu'il n'y a point d'hommes si hébétés et
« si stupides, sans en excepter même les in-
« sensés, qui ne soient capables d'arranger
« ensemble diverses paroles et d'en composer
« un discours par lequel ils fassent entendre
« leurs pensées ; et que, au contraire, il n'y a
« point d'autre animal, tant parfait et tant
« heureusement né qu'il puisse être, qui fasse
« le semblable... Et ceci ne témoigne pas
« seulement, continue-t-il, que les bêtes ont
« moins de raison que les hommes, mais
« qu'elles n'en ont point du tout[2]. »

Il dit ensuite : « C'est aussi une chose
« fort remarquable que, bien qu'il y ait plu-
« sieurs animaux qui témoignent plus d'in-
« dustrie que nous en quelques-unes de leurs
« actions, on voit toutefois que les mêmes

1. *Discours sur la méthode*, cinquième partie ; édition des œuvres de Descartes par M. Cousin.
2. *Ibidem*.

« n'en témoignent point du tout en beaucoup
« d'autres : de façon que ce qu'ils font mieux
« que nous ne prouve pas qu'ils ont de l'es-
« prit, car, à ce compte, ils en auraient plus
« qu'aucun de nous, et feraient mieux en
« toute autre chose ; mais plutôt qu'ils n'en
« ont point, et que c'est la nature qui agit en
« eux, selon la disposition de leurs organes :
« ainsi qu'on voit qu'une horloge, qui n'est
« composée que de roues et de ressorts, peut
« compter les heures et mesurer le temps
« plus justement que nous avec notre pru-
« dence [1]. »

Descartes conclut donc, de ce que les bêtes
ne parlent pas, qu'elles sont sans intelligence.
Et quand on comprend bien, en effet, ce que
c'est que la *parole* [2], cette expression, créée
par l'homme, de l'intelligence de l'homme, on
comprend bien aussi tout ce que la première
preuve de Descartes a de force.

Sa seconde preuve est d'une sagacité non

1. *Discours sur la méthode*, cinquième partie.
2. Voyez plus loin, le chapitre sur le langage des
bêtes.

moins profonde. Ces industries singulières
des animaux, *ces choses qu'ils font mieux que
nous*, ne prouvent pas en effet pour leur intelligence, elles prouvent contre; elles montrent, pour me servir des expressions heu-
reuses de Descartes lui-même, que, « au lieu
« que la raison est un *instrument universel*
« qui peut servir en toutes sortes de rencon-
« tres, *les organes des bêtes ont besoin de quel-
« que particulière disposition pour chaque ac-
« tion particulière* [1]. » Mais ici Descartes
confond les *instincts* des animaux avec leur
intelligence : confusion dans laquelle la plupart des auteurs venus après lui sont également tombés, et dont le débrouillement est le
premier pas qu'ait eu à faire la question qui
nous occupe, dès que cette question a été
bien vue [2].

Laissons, pour le moment, cette distinction; et voyons nettement ce que Descartes
entend par *automatisme*, en parlant des bêtes.

1. *Discours sur la méthode*, cinquième partie.
2. Voyez, plus loin, le chapitre sur la distinction de
l'instinct et de l'intelligence dans les bêtes.

« Il n'y a point de doute, » dit-il dans une de ses *Lettres* [1], « qu'un homme » (qu'il place, à la vérité, dans certaines conditions très-particulières [2]) « ne jugerait pas qu'il y eût « dans les bêtes aucun vrai sentiment ni au- « cune vraie passion, comme en nous, mais « seulement que ce seraient des automates « qui, étant composés par la nature, seraient « incomparablement plus accomplis qu'au- « cun de ceux que l'homme fait lui-même. » Voilà donc l'*automatisme* des bêtes posé d'une manière absolue.

Mais, dans une autre *Lettre* [3], où il ne s'agit plus de ce que penserait un homme

1. *Œuvres de Descartes*, t. VII. p. 398.
2. Il suppose un homme qui *n'aurait jamais vu que des hommes*, et qui aurait *fabriqué lui-même des automates si parfaits* que, sans les deux moyens indiqués plus haut (*le manque de la parole* et *l'impossibilité de nous imiter en tout*), « il se serait trouvé « empêché à discerner entre de vrais hommes ceux qui « n'en avaient que la figure. » C'est cet homme qui, voyant ensuite *les animaux qui sont parmi nous*, jugerait que ce sont des *automates*, puisqu'ils *manquent également de la parole*, et qu'ils sont également dans *l'impossibilité de nous imiter en tout*.
3. *Œuvres de Descartes*, t. X, p. 208.

placé dans telle ou telle condition donnée, où
il s'agit de sa propre pensée à lui, il dit :
« Il faut pourtant remarquer que je parle de
« la pensée, non de la vie ou du sentiment;
« car je n'ôte la vie à aucun animal... Je ne
« leur refuse pas même le sentiment autant
« qu'il dépend des organes du corps. Ainsi
« mon opinion n'est pas si cruelle aux ani-
« maux... »

Ces paroles sont remarquables; et, dans
le fond, elles tranchent la question. Descartes
n'ôte aux animaux ni la vie, ni le sentiment;
il ne leur ôte que la pensée. Ses *automates*
sont donc des automates qui vivent, des automates qui sentent; ce ne sont donc pas de
purs automates.

Ainsi donc, une fois le sentiment accordé
aux bêtes, la question change. Ce n'est plus
la question du *pur automatisme*, c'est la
question de ce qu'on pourrait appeler l'*automatisme mixte*, ou l'*automatisme de Buffon*.

BUFFON.

« Si je me suis bien expliqué, dit Buffon,
« on doit avoir vu que, bien loin de tout ôter
« aux animaux, je leur accorde tout, à
« l'exception de la pensée et de la réflexion :
« ils ont le sentiment, ils l'ont même à un
« plus haut degré que nous ne l'avons; ils
« ont aussi la conscience de leur existence
« actuelle, mais ils n'ont pas celle de leur
« existence passée; ils ont des sensations,
« mais il leur manque la faculté de les com-
« parer, c'est-à-dire la puissance qui produit
« les idées; car les idées ne sont que des
« sensations comparées, ou, pour mieux

« dire, des associations de sensations [1]. »

Buffon accorde donc aux animaux la *vie* et le *sentiment*, comme Descartes ; il leur accorde de plus, et ceci est un grand pas de fait sur Descartes, la *conscience de leur existence actuelle* [2]. Mais il leur refuse la *pensée*, la *réflexion*, la *mémoire* ou *conscience de l'existence passée*, et la *faculté de comparer des sensations* ou *d'avoir des idées*.

Chacun de ces derniers points mérite un examen à part. Les animaux ont la *conscience de leur existence actuelle*, et ils n'ont pas la *pensée :* mais qu'est-ce que la *conscience de l'existence,* sinon le discernement, la connaissance, et par conséquent la *pensée* de l'existence ? Peut-il y avoir *conscience* sans *connaissance*, et *connaissance* sans *pensée ?*

1. *Discours sur la nature des animaux,* t. II, p. 331 de l'édition que j'ai donnée des *OEuvres de Buffon.*

2. Descartes a toujours refusé aux bêtes la conscience de leurs sensations. « J'ai fait voir expressément, dit-il, « que mon opinion n'est pas que les bêtes voient comme « nous, *lorsque nous sentons que nous voyons.* » T. IV. p. 339.

Ils n'ont pas la *mémoire*. Quoi! ce chien
qui *distingue*, c'est-à-dire qui *reconnaît* les
lieux qu'il a habités, les chemins qu'il a par-
courus; ce chien que les châtiments corrigent,
qui pleure le maître qu'il a perdu, qui va
jusqu'à mourir sur sa tombe, ce chien n'a
pas la *mémoire?*

« Tout semble prouver, dit Buffon lui-
« même, qu'on ne peut refuser aux animaux
« la mémoire, et une mémoire active, éten-
« due, et peut-être plus fidèle que la nôtre[1]. »
Et cependant il la leur refuse; et pourquoi?
parce que son système veut qu'il la leur
refuse[2].

1. *Discours sur la nature des animaux*, t. II,
p. 338.
2. La force des faits le conduit néanmoins à accorder
aux animaux une *sorte de mémoire* (p. 341). Il l'appelle
réminiscence; mais qu'y fait le nom? Il dit aussi
qu'elle n'est que le *renouvellement des sensations,*
tandis que la mémoire est la *trace des idées*. Ainsi, les
bêtes ont le sentiment, la sensation, la conscience de
leur existence, la réminiscence de leurs sensations;
c'est-à-dire qu'aux mots près elles ont une véritable
intelligence, mais infiniment au-dessous de la nôtre
sans contredit, et qui sûrement ne va pas jusqu'à ré-
fléchir, puisque *réfléchir* est, pour Buffon, *la puissance*

Mais écoutons Buffon, lorsqu'il oublie, du moins en partie, son système. « Un naturel « ardent, colère, même féroce et sanguinaire, « rend le chien sauvage redoutable à tous les « animaux, et cède, dans le chien domestique, « aux sentiments les plus doux, au plaisir de « s'attacher et au désir de plaire; il vient en « rampant mettre aux pieds de son maître « son courage, sa force, ses talents; il *attend* « *ses ordres* pour en faire usage; il le *con-* « *sulte*, il l'*interroge*, il le *supplie*; il *entend* « les signes de sa volonté; sans avoir, comme « l'homme, la lumière de la pensée, il a toute « la chaleur du sentiment; il a de plus que « lui la fidélité, la constance dans ses affec- « tions; nulle ambition, nul intérêt, nul dé- « sir de vengeance, nulle crainte que celle « de déplaire; il est tout zèle, tout ardeur et « tout obéissance; plus sensible au *souvenir*

des *idées générales et l'intelligence des choses abs-traites*. La question de l'intelligence des bêtes n'est donc, au fond, que celle de la limite de l'intelligence des bêtes, question de faits et non de mots, et sur laquelle je reviendrai plus loin.

« des bienfaits qu'à celui des outrages, il ne
« se rebute pas par les mauvais traitements;
« il les subit, les *oublie*, ou ne *s'en souvient*
« *que pour* s'attacher davantage; loin de
« s'irriter ou de fuir, il s'expose de lui-même
« à de nouvelles épreuves; il lèche cette main,
« instrument de douleur qui vient de le frap-
« per; il ne lui oppose que la plainte, et la
« désarme enfin par la patience et la soumis-
« sion[1]. »

Il est vrai que, jusque dans cet admirable
tableau, Buffon refuse au chien la *lumière de
la pensée*[2]. Mais comment, sans une certaine
pensée, c'est-à-dire sans une certaine *intelligence*, le chien peut-il *consulter, interroger,
supplier* son maître, *entendre* les signes de sa
volonté? Comment peut-il *entendre* sans *intel-*

---

1. *Histoire du chien*, t. II, p. 474.
2. Le mot *pensée* est un mot qui a grand besoin d'être
défini. Je n'entends ici, par *pensée*, qu'*intelligence*.
Et c'est tout ce dont il peut être question, quand il
s'agit des animaux. Dans sa plénitude de sens, le mot
pensée implique *raison*; et la raison n'appartient qu'à
l'homme. (Voyez mon livre intitulé : *De la raison, du
génie et de la folie*, au chapitre : *De la raison de
l'homme*.)

ligence? Comment peut-il surtout, s'il n'a
pas la *mémoire*, ainsi que Buffon l'assurait
tout à l'heure, *se souvenir* des bienfaits, *oublier* les mauvais traitements? Buffon reconnaît comme historien ce qu'il nie comme
philosophe. D'où vient donc une contradiction
si étrange, et qui se fait sentir jusque dans
les termes? Ne serait-ce pas que Buffon, malgré son grand sens, se laisse influencer par
la nature du travail auquel il se livre; qu'historien, il est plus près des faits, et que, philosophe, il est plus près du système?

Je continue l'examen des propositions dans
lesquelles il a lui-même résumé, comme on
vient de voir, son système. Il refuse aux
bêtes la *réflexion*, et avec grande raison sans
doute; car il entend par réflexion « cette opé-
« ration par laquelle nous nous élevons à des
« idées générales nécessaires pour arriver à
« l'intelligence des choses abstraites[1]. » Mais
toute espèce de *réflexion* peut-elle être refu-
sée aux bêtes? Ce chien qui, tenant une proie

1. *Discours sur la nature des animaux*, t. II,
p. 343.

dans sa gueule, résiste au désir actuel de la
dévorer, le fait non-seulement parce qu'il *se
souvient* du châtiment reçu, mais parce qu'il
prévoit qu'une nouvelle faute sera suivie d'un
châtiment nouveau ; il résiste, parce qu'il *se
souvient* et parce qu'il *prévoit* ; et, s'il y a
prévoyance, n'y a-t-il pas une sorte de *réflexion ?*

Enfin, Buffon refuse aux bêtes jusqu'à la
faculté de comparer des sensations. Cependant
ce chien qui, placé entre le souvenir d'un *châtiment passé* et l'excitation d'un *plaisir présent,* hésite, délibère, doute et ne se détermine qu'après tout ce long débat, ce chien
compare. Mais Buffon ne veut pas qu'il en
soit ainsi ; il ne voit, dans tout ce débat intérieur de l'animal, que des *apparences* et du
mécanisme. « Quelque grandes que soient ces
« apparences, dit-il, je crois qu'on peut dé-
« montrer qu'elles nous trompent [1]. » De
simples *ébranlements mécaniques* lui suffisent
pour tout expliquer. « Si le nombre des ébran-

---

1. *Discours sur la nature des animaux,* t. II,
p. 338.

« lements propres à faire naître l'appétit sur-
« passe, dit-il, celui des ébranlements propres
« à faire naître la répugnance, l'animal sera
« nécessairement déterminé à faire un mou-
« vement pour satisfaire cet appétit; et si le
« nombre ou la force des ébranlements d'ap-
« pétit sont égaux au nombre ou à la force
« des ébranlements de répugnance, l'animal
« ne sera pas déterminé, il demeurera en
« équilibre entre ces deux puissances égales,
« et il ne fera aucun mouvement ni pour
« atteindre, ni pour éviter[1]. » Ainsi, point
de comparaison, point de délibération, point
de doute ; tout se réduit à de simples *ébran-*
lements d'*appétit* et de *répugnance*. Tel est le
mécanisme de Buffon : *mécanisme* où, par un
arbitraire assez singulier, on admet comme
réalités tous les faits qui tiennent au *senti-*
ment, et où l'on rejette comme *apparences*

---

1. *Discours sur la nature des animaux*, t. II, p. 325.
Je substitue dans cette citation le mot *ébranlement* à
celui d'*image*, parce qu'en effet, dans le système de
Buffon, le mot générique est *ébranlement*, et que je
ne cite ici cet exemple particulier que pour faire mieux
entendre le système général.

tous les faits qui tiennent à l'*intelligence;* *mécanisme* où tout se combat et se contredit, et qui, comme l'a fort bien dit Georges Cuvier, « est plus inintelligible que celui de « Descartes[1]. »

1. *Biographie universelle : Vie de Buffon.*

RÉAUMUR.

Je dirai encore un mot sur Buffon. C'est
avec Réaumur et avec lui que commence,
relativement aux *facultés intérieures* des animaux, l'étude positive et d'observation. Le
génie de ces deux hommes célèbres était non-
seulement très-différent, il était opposé.
Réaumur porte la sagacité la plus ingénieuse
dans l'observation des détails; on sent partout,
dans Buffon, l'habitude de voir en grand et le
besoin de remonter aux causes. On devine-
rait aisément Réaumur à cette phrase : « Dé-
« crivons le plus exactement qu'il nous est
« possible les productions de la sagesse

3

« divine : c'est la manière de la louer qui
« nous convient le mieux[1]. » Si Buffon
cherche à se faire une idée de l'Être suprême,
il le voit « créant l'univers, ordonnant les
« existences, fondant la nature sur des lois
« invariables et perpétuelles[2]. » Il se moque
de Réaumur, qui veut « le trouver attentif à
« conduire une république de mouches, et
« fort occupé de la manière dont se doit plier
« l'aile d'un scarabée[3]. »

Réaumur avait dit, à propos des insectes
en général : « Nous voyons dans ces ani-
« maux, *autant que dans aucun des autres,*
« des procédés qui nous donnent du pen-
« chant à leur croire un certain degré d'in-
« telligence[4]. » A propos des abeilles, il avait
parlé de leur *prévoyance,* de leurs *affec-*
tions, etc., en termes qui se ressentaient un

1. *Mémoires pour servir à l'histoire des insectes,*
t. I, p. 25.
2. *Discours sur la nature des animaux,* t. II,
p. 358.
3. *Ibidem,* p. 359.
4. *Mémoires pour servir à l'histoire des insectes,*
t. I, p. 22.

peu trop de son enthousiasme d'observateur;
et, depuis Réaumur, plusieurs naturalistes
avaient encore enchéri sur lui. A les entendre,
les insectes auraient surpassé tous les autres
animaux en intelligence. Aussi Buffon disait-
il avec ironie « qu'on admire toujours d'au-
« tant plus qu'on observe davantage et qu'on
« raisonne moins [1]. »

Il combattit toutes ces prétentions outrées.
« Les animaux, dit-il, qui ressemblent le
« plus à l'homme par leur figure et par leur
« organisation, seront, malgré les apologistes
« des insectes, maintenus dans la possession
« où ils étaient d'être supérieurs à tous les
« autres pour les qualités intérieures..., en
« sorte que le singe, le chien, l'éléphant et
« les autres quadrupèdes seront au premier
« rang; les cétacés [2] seront au second rang;
« les oiseaux au troisième, parce que, à tout

1. *Discours sur la nature des animaux*, t. II,
p. 357.

2. Depuis Buffon, les cétacés ont pris leur véritable
place, qui, sous le rapport de l'intelligence, les met fort
au-dessus de beaucoup d'autres mammifères. Les oiseaux ont donc le second rang.

« prendre, ils diffèrent de l'homme plus que
« les cétacés et les quadrupèdes; et, s'il
« n'y avait pas des êtres qui, comme les
« huîtres ou les polypes, semblent en diffé-
« rer autant qu'il est possible, les insectes
« seraient avec raison les bêtes du dernier
« rang[1]. »

Buffon ramène donc les insectes à leur véritable place; et, ce qui est plus important, il
marque des degrés dans les *facultés intérieu-*
res des animaux. Mais, d'une part, il ne voit
dans ces *facultés intérieures*, même les plus
élevées, que du *mécanisme;* et, de l'autre,
Réaumur voit jusque dans des animaux très-
inférieurs, c'est-à-dire dans les insectes,
autant d'intelligence que dans aucun des
autres.

C'est que la distinction fondamentale entre
l'*instinct* et l'*intelligence* des bêtes n'était pas
encore faite. Partout Réaumur et Buffon confondent l'*instinct* et l'*intelligence;* partout, en

1. *Discours sur la nature des animaux*, t. II,
p. 364.

ne croyant nier que l'*intelligence,* Buffon nie
jusqu'à l'*instinct;* et Réaumur accorde jusqu'à l'*intelligence,* en ne croyant peut-être
accorder partout que l'*instinct.*

CONDILLAC.

Quoi qu'il en soit, le premier pas à faire
pour la solution du grand problème des *facultés intérieures* des bêtes était cette distinction. C'est ce que ne virent ni Réaumur ni
Buffon, et ce que Condillac lui-même, cet
esprit si lumineux et si sûr, ne vit pas mieux.
Aussi, dans son *Traité des animaux*, dirigé
principalement contre Buffon, se montre-t-il
sous deux aspects très-différents : admirable
de clarté et de précision, tant qu'il ne s'agit
que des *opérations intellectuelles* des animaux, et subtil, embarrassé, confus, dès
qu'il s'agit de leurs *opérations instinctives*.

Buffon convient, comme nous avons vu,

que les bêtes sentent. Condillac n'a pas de peine à lui prouver que, si les bêtes sentent, elles sentent comme nous; car, ainsi qu'il le dit fort bien, « ou ces propositions : *Les bêtes* « *sentent* et *l'homme sent,* doivent s'entendre « de la même manière, ou *sentir,* lorsqu'il « est dit des bêtes, est un mot auquel on « n'attache point d'idée[1]. » Il lui prouve ensuite qu'il y a contradiction formelle entre dire que tout se fait par mécanisme dans les bêtes, et dire que les bêtes sentent[2]. Il lui prouve enfin qu'elles ont de la mémoire, des idées, qu'elles comparent et jugent[3]; mais dès qu'il passe à l'*instinct,* qu'il veut ramener à l'*intelligence* par l'*habitude,* il perd tous ses avantages. « L'instinct, dit-il, n'est rien, ou

1. *Traité des animaux,* chap. II, première partie.
2. « Je ne puis comprendre, dit-il, ce qu'il (Buffon) « entend par la faculté de sentir qu'il accorde aux bêtes, « lui qui prétend, comme Descartes, expliquer mécani- « quement toutes leurs actions. » (*Ibidem.*) On a vu plus haut que Descartes lui-même était tombé dans cette contradiction. C'est que, dans Descartes comme dans Buffon, le fait perce malgré le système.
3. *Traité des animaux,* chap. V, première partie.

« c'est un commencement de connaissance[1]. »
Il y a dans cette proposition une double erreur : l'instinct est un fait, un fait primitif et
qui ne peut être réduit en aucun autre, l'*instinct* est donc *quelque chose;* et pourtant ce
n'est pas un *commencement de connaissance.*
Ce n'est pas non plus une *habitude*[2], comme
le veut Condillac, car l'*instinct* précède toute
habitude.

« La réflexion, dit-il, veille à la naissance
« des habitudes; mais à mesure qu'elle les
« forme, elle les abandonne à elles-mêmes...
« Par là, ajoute-t-il, toutes les actions d'ha-
« bitude sont autant de choses soustraites à
« la réflexion[3]. » Et tout cela est vrai; mais,
encore une fois, tout cela n'est vrai que des
choses qui se rapportent à l'intelligence.

Il a donc tour à tour raison ou tort, selon
qu'il parle de l'*instinct* ou de l'*intelligence.*
Il a raison quand il dit : « Si les bêtes inven-

1. *Traité des animaux,* chap. v, deuxième partie.
2. « L'instinct, dit-il, n'est que l'habitude privée de
« réflexion. » (*Ibidem,* chap. v, deuxième partie.)
3. *Traité des animaux,* chap. i, deuxième partie.

« tent moins que nous, si elles perfectionnent
« moins, ce n'est pas qu'elles manquent tout
« à fait d'intelligence, c'est que leur intelli-
« gence est plus bornée[1]. » Mais il a tort
quand il dit que c'est par une sorte d'*invention*, c'est-à-dire parce qu'il *compare*, parce
qu'il *juge*, parce qu'il *découvre*, que le castor
bâtit sa cabane ou que l'oiseau construit son
nid[2]. Et toute sa théorie sur les *facultés des
animaux* est ainsi radicalement vicieuse, par
cela seul qu'elle confond partout deux faits
essentiellement distincts : l'*instinct* et l'*intelligence*.

1. *Traité des animaux*, chap. ii, deuxième partie.
2. *Ibidem*.

GEORGES LEROY.

Là est aussi, quoique à un moindre degré, le vice de la théorie de G. Leroy.

G. Leroy confond, comme Condillac, l'*instinct* avec l'*intelligence*. Il s'agit de voir, dit-il dès son début, « comment, par l'action « répétée de la sensation et de l'exercice de « la mémoire, l'instinct des animaux s'élève « jusqu'à l'intelligence[1]. »

Presque partout il cherche l'origine des *instincts* particuliers des animaux dans quelque circonstance générale de leurs facultés ordi-

1. *Lettres philosophiques sur l'intelligence et la perfectibilité des animaux*, p. 5.

naires : dérivant l'industrie de la faiblesse[1].
la sociabilité de la crainte[2], l'instinct de faire
des provisions de la faim précédemment sentie[3], il va jusqu'à dire que les voyages des
oiseaux « sont le fruit d'une instruction qui
« se perpétue de race en race[4]. »

Or, la vérité est que les industries particulières des animaux, du castor qui se bâtit
une cabane, du lapin qui se creuse un terrier,
de l'oiseau qui se construit un nid, tiennent
à des instincts primitifs et déterminés. La
vérité est que c'est par instinct que certaines
espèces sont sociables ; que d'autres font des
provisions ; que d'autres, dans la classe des
oiseaux, émigrent ou voyagent.

Mais, cette confusion d'un certain nombre
de phénomènes de l'*instinct* avec les phéno-

1. Page 53. « On fait peut-être honneur à son indus-
« trie (il s'agit du lapin qui se creuse un terrier) de ce
« qui n'est dû qu'à sa faiblesse. »
2. Page 64. « Les animaux qui paraissent vivre en
« société sont rassemblés par la crainte, etc... » Page 65.
« Tous les frugivores qui vivent en société paraissent
« uniquement rassemblés par la frayeur, etc. »
3. Page 76.
4. Page 216.

mènes de l'*intelligence* proprement dite une
fois mise à part, l'ouvrage de G. Leroy reprend
toute son importance. C'est l'étude la plus
approfondie qu'on eût faite encore des facultés
intellectuelles des animaux. L'auteur y suit
pas à pas le développement, et, si l'on peut
ainsi dire, la génération de ces facultés. Il
voit la sensation et la mémoire suffire à la
plupart des actions des bêtes[1]; l'expérience
rectifier leurs jugements[2]; l'attention et l'habitude de la réflexion étendre leur intelligence[3]. Il montre l'éducation des jeunes animaux se fondant sur leur mémoire; il parcourt
les anneaux successifs de cette chaîne qui conduit l'animal du besoin au désir, du désir à
l'attention, et de l'attention à l'expérience[4];
et il conclut enfin que « les animaux réunis-
« sent, quoique à un degré très-inférieur à
« nous, tous les caractères de l'intelligence[5];

1. *Lettres philosophiques,* etc., p. 5.
2. Page 34.
3. Page 36.
4. Page 52.
5. *Lettres philosophiques,* etc., p. 258.

« qu'ils sentent, puisqu'ils ont les signes
« évidents de la douleur et du plaisir; qu'ils
« se ressouviennent, puisqu'ils évitent ce qui
« leur a nui et recherchent ce qui leur a plu;
« qu'ils comparent et jugent, puisqu'ils hési-
« tent et choisissent; qu'ils réfléchissent sur
« leurs actes, puisque l'expérience les in-
« struit et que des expériences répétées rec-
« tifient leurs premiers jugements[1]. »

Les animaux ont donc de l'intelligence.
Mais quelle est la limite précise de cette intelligence? C'est là qu'est évidemment toute la
difficulté. Or, cette limite n'est pas une; et
l'on a fait ici, en prenant toutes les bêtes en
masse, une confusion du même genre que
celle que l'on a faite en ne voyant qu'un seul
principe, tour à tour *mécanique*[2] ou *intelligent*[3], dans toutes leurs opérations *intellectuelles* et *instinctives*.

Je l'ai déjà dit, l'*instinct* est une force pri-

1. Page 259.
2. *Mécanique :* Descartes, Buffon.
3. *Intelligent :* Réaumur, Condillac, G. Leroy.

4

mitive et propre comme la *sensibilité*, comme
l'*irritabilité*, comme l'*intelligence*. Il y a de
l'*instinct* jusque dans l'homme : c'est par un
instinct particulier que l'enfant tette en venant
au monde[1]; mais, dans l'homme, presque
tout se fait par *intelligence*, et l'*intelligence*
y supplée à l'*instinct*. L'inverse a lieu pour
les dernières classes : l'*instinct* leur a été
accordé comme supplément de l'*intelligence*.

Le premier pas à faire était donc de séparer
l'*instinct* de l'*intelligence* : le second était de
séparer, soit pour l'*intelligence*, soit pour les
instincts, les classes et les espèces. Buffon a
donné, comme nous avons vu, une première
idée de cette échelle graduée des *facultés intérieures* des animaux. Or, plus on a observé,
plus on a senti et mieux on a marqué tous
ces degrés, presque infinis, qui placent le
mammifère si fort au-dessus de l'oiseau,
l'oiseau si fort au-dessus du reptile et du
poisson, tous les animaux vertébrés si fort au-

---

1. J'ai vérifié sur plusieurs animaux ce fait connu,
que les petits, rapprochés des mamelles, tettent, même
avant d'être entièrement sortis du sein de leur mère.

dessus des animaux sans vertèbres, et les différentes classes des animaux sans vertèbres à une si grande distance encore les unes des autres. Et ce n'est pas tout : il y a des degrés, il y a des limites pour les familles, pour les genres, pour les espèces, comme il y en a pour les classes. Parmi les mammifères, le chien, le cheval, l'éléphant, l'orang-outang, sont fort au-dessus de la brebis, du paresseux, et du castor même, malgré l'instinct singulier qui le distingue, mais qui n'est qu'un instinct. Il y a des oiseaux qui s'attachent à leur maître, qui reviennent à sa voix, qui imitent jusqu'à son langage. Tous les poissons ne sont pas également stupides, etc. Il y a donc partout des degrés, partout des limites; et ces deux grands faits dominent la question entière de l'*intelligence* des bêtes, l'un qui sépare l'*instinct* de l'*intelligence*, et l'autre qui, soit pour l'*intelligence*, soit pour les *instincts*, sépare les classes et les espèces.

FRÉDÉRIC CUVIER.

Pendant plus d'un siècle, depuis Descartes jusqu'à Buffon[1], la question de l'*intelligence des animaux* n'avait été, comme on vient de le voir, qu'une question de pure métaphysique. C'est avec Buffon, c'est avec G. Leroy qu'elle commence à devenir une question positive et d'expérience. C'est ce qu'elle est, plus particulièrement encore, dans F. Cuvier.

Ce qui importe surtout ici, ce sont des faits nets, distincts, des faits séparés par des limites précises.

1. C'est-à-dire depuis le *Discours sur la méthode*, publié en 1637, jusqu'au *Discours sur la nature des animaux*, publié en 1753.

Il faut chercher les limites qui séparent l'intelligence des différentes espèces ; les limites qui séparent l'instinct de l'intelligence ; les limites qui séparent l'intelligence de l'homme de celle des animaux. Et, ces trois limites posées, la question, si longtemps débattue, de *l'intelligence des animaux*, prend un nouvel aspect.

D'une part, Descartes et Buffon refusent aux animaux toute intelligence : c'est qu'il leur répugne, et avec raison, d'accorder aux animaux l'intelligence de l'homme ; c'est qu'ils ne voient pas la limite qui sépare l'intelligence de l'homme de celle des animaux.

D'autre part, Condillac et G. Leroy accordent aux animaux jusqu'aux opérations intellectuelles les plus élevées : c'est qu'ils se fondent sur des actions qui, en effet, si elles appartenaient à l'intelligence, exigeraient ces opérations ; c'est qu'ils ne voient pas la limite qui sépare l'instinct de l'intelligence.

Le premier résultat, que je note dans les observations de F. Cuvier, marque les limites

4.

de l'intelligence dans les différents ordres des mammifères.

C'est dans les *rongeurs* que cette intelligence se montre au plus bas degré; elle est plus développée dans les *ruminants;* beaucoup plus dans les *pachydermes,* à la tête desquels il faut placer le *cheval* et l'*éléphant;* plus encore dans les *carnassiers*, à la tête desquels il faut placer le *chien*, et dans les *quadrumanes,* à la tête desquels se placent l'*orang-outang* et le *chimpanzé.*

Et ce fait de l'*intelligence graduée* des mammifères, que donne d'un côté l'observation directe, l'anatomie le confirme de l'autre, en montrant la partie du cerveau, siége spécial de l'intelligence dans les animaux[1], de plus en plus développée, des *rongeurs* aux *ruminants,* et des *ruminants* aux *pachydermes,* aux *carnassiers* et aux *quadrumanes.*

1. C'est-à-dire le cerveau proprement dit (*lobes* ou *hémisphères cérébraux*). Voyez mon livre intitulé : *Recherches expérimentales sur les propriétés et les fonctions du système nerveux;* seconde édition. Paris, 1842.

Le *rongeur* [1] ne distingue pas individuelle-
ment l'homme qui le soigne de tout autre
homme. Le *ruminant* distingue son maître;
mais un simple changement d'habit suffit pour
qu'il le méconnaisse. Un *bison* du Jardin du
Roi avait pour son gardien la soumission la
plus complète; ce gardien vint à changer
d'habit, et le *bison*, ne le reconnaissant plus,
se jeta sur lui. Le gardien reprit son habit ordinaire, et le *bison* le reconnut. Deux *béliers*,
accoutumés à vivre ensemble, sont-ils ton-
dus, on les voit aussitôt se précipiter l'un
sur l'autre avec fureur.

On connaît l'intelligence de l'*éléphant*, du
cheval, parmi les *pachydermes*. F. Cuvier
pense que le *cochon*, malgré ses appétits grossiers, n'est peut-être pas très-inférieur à l'éléphant pour l'intelligence; il a vu un *pécari*
aussi docile, aussi familier que le chien le
plus soumis. Le *sanglier* s'apprivoise facilement; il reconnaît celui qui le soigne; il lui
obéit; il se prête à des exercices.

1. C'est-à-dire la *marmotte*, le *castor*, l'*écureuil*, le
lièvre, etc.

C'est enfin dans les *carnassiers* et les *qua-drumanes* que paraît le plus haut degré de l'intelligence parmi les bêtes. Et, de tous les animaux, l'*orang-outang* est, selon toute apparence, celui qui en a le plus.

Un jeune *orang - outang*[1], étudié par F. Cuvier, avait besoin de société; il s'attachait aux personnes qui le soignaient; il aimait les caresses, donnait de véritables baisers, boudait lorsqu'on ne lui cédait pas, et témoignait sa colère par des cris et en se roulant par terre.

Il se plaisait à grimper sur les arbres et à s'y tenir perché. On fit un jour semblant de vouloir monter à l'un de ces arbres pour aller l'y prendre; mais aussitôt il se mit à secouer l'arbre de toutes ses forces pour effrayer la personne qui s'approchait; cette personne s'éloigna, et il s'arrêta; elle se rapprocha, et il se mit de nouveau à secouer l'arbre. « De quelque manière, dit

1. Il était âgé de quinze à seize mois.

« F. Cuvier, que l'on envisage l'action qui
« vient d'être rapportée, il ne sera guère pos-
« sible de n'y pas voir le résultat d'une com-
« binaison d'idées, et de ne pas reconnaître,
« dans l'animal qui en est capable, la faculté
« de généraliser. » En effet, l'orang-outang
concluait évidemment ici (c'est toujours
F. Cuvier qui raisonne) de lui aux autres :
plus d'une fois l'agitation violente des corps
sur lesquels il s'était trouvé placé l'avait ef-
frayé ; il concluait donc de la crainte qu'il avait
éprouvée à la crainte qu'éprouveraient les
autres, ou, en d'autres termes, et comme le
dit F. Cuvier, « d'une circonstance particu-
« lière il se faisait une règle générale[1]. »

G. Leroy avait déjà dit : « Dès que le *loup*
« paraît, il est poursuivi ; l'attroupement et
« l'émeute lui annoncent combien il est craint,
« et tout ce que lui-même il doit craindre.
« Aussi, toutes les fois que l'odeur de l'homme

1. Voyez, sur tous ces mots, si difficiles à définir :
idées, faculté de généraliser, règle générale, mon
livre intitulé : *De la raison, du génie et de la folie*,
au chapitre : *De la raison de l'homme*.

« vient frapper son nez, elle réveille en lui les
« idées du danger. La proie la plus sédui-
« sante lui est inutilement présentée tant
« qu'elle a cet accessoire effrayant ; et, même
« lorsqu'elle ne l'a plus, elle lui reste long-
« temps suspecte. » — « Le *loup*, continue-
« t-il, ne peut avoir alors qu'une idée
« abstraite du péril, puisqu'il n'a pas la con-
« naissance particulière des piéges qu'on lui
« tend [1]. »

Mais je reviens à l'*orang-outang*. Pour
ouvrir la porte de la pièce dans laquelle on le
tenait, il était obligé, vu sa petite taille[2], de
monter sur une chaise placée près de cette
porte. On eut l'idée d'éloigner cette chaise ;
l'orang-outang fut en chercher une autre,
qu'il mit à la place de la première, et sur
laquelle il monta de même pour ouvrir la
porte. Enfin, lorsqu'on refusait à cet *orang-
outang* ce qu'il désirait vivement, comme il
n'osait s'en prendre à la personne qui ne lui

1. *Lettres philosophiques sur l'intelligence et la
perfectibilité des animaux*, etc., p. 18.
2. De deux pieds et demi à peu près.

cédait pas, il s'en prenait à lui-même et se
frappait la tête contre la terre : il se faisait du
mal pour inspirer plus d'intérêt et de compassion. C'est ce que fait l'homme lui-même
lorsqu'il est enfant, et ce qu'aucun animal ne
fait, si l'on excepte l'*orang-outang*, et l'*orang-
outang* seul entre tous les autres.

Mais ce qui mérite surtout d'être remarqué
par le philosophe, c'est que l'intelligence de
l'*orang-outang*, cette intelligence si développée, et développée de si bonne heure,
décroît avec l'âge. L'*orang-outang*, lorsqu'il est jeune, nous étonne par sa pénétration, par sa ruse, par son adresse ; l'*orang-
outang*, devenu adulte, n'est plus qu'un
animal grossier, brutal, intraitable. Et il
en est de tous les *singes* comme de l'*orang-
outang*. Dans tous, l'intelligence décroît à
mesure que les forces s'accroissent. L'animal,
considéré comme être perfectible, a donc sa
borne marquée, non-seulement comme espèce,
il l'a comme individu. L'animal qui a le plus
d'intelligence n'a toute cette intelligence que
dans le jeune âge.

Après avoir posé les limites qui séparent l'intelligence des différentes espèces, il faut chercher la limite qui sépare l'*instinct* de l'*intelligence*. Ici, c'est particulièrement sur le castor que portent les observations de F. Cuvier.

Le castor est un mammifère de l'ordre des *rongeurs*, c'est-à-dire de l'ordre même qui a le moins d'intelligence, ainsi que nous avons vu; mais il a un instinct merveilleux, celui de se construire une cabane, de la bâtir dans l'eau, de faire des chaussées, d'établir des digues, et tout cela avec une industrie qui supposerait, en effet, une intelligence très-élevée dans cet animal, si cette industrie dépendait de l'intelligence.

Le point essentiel était donc de prouver qu'elle n'en dépend pas; et c'est ce qu'a fait F. Cuvier. Il a pris des castors très-jeunes; et ces castors, élevés loin de leurs parents, et qui par conséquent n'en ont rien appris; ces castors, isolés, solitaires, qu'on avait placés dans une cage, tout exprès pour qu'ils n'eussent pas besoin de bâtir; ces castors ont bâti, poussés par une force machinale et aveugle, en un mot par un pur instinct.

Les caractères les plus tranchés séparent l'*instinct* de l'*intelligence*.

Tout, dans l'*instinct*, est aveugle, nécessaire et invariable; tout, dans l'*intelligence*, est électif, conditionnel et modifiable.

Le castor qui se bâtit une cabane, l'oiseau qui se construit un nid, n'agissent que par *instinct*.

Le chien, le cheval, qui apprennent jusqu'à la signification de plusieurs de nos mots et qui nous obéissent, font cela par *intelligence*.

Tout, dans l'*instinct*, est inné : le castor bâtit sans l'avoir appris; tout y est fatal : le castor bâtit, maîtrisé par une force constante et irrésistible.

Tout, dans l'*intelligence*, résulte de l'expérience et de l'instruction : le chien n'obéit que parce qu'il l'a appris; tout y est libre : le chien n'obéit que parce qu'il le veut.

Enfin, tout, dans l'*instinct*, est particulier :

cette industrie si admirable que le castor met
à bâtir sa cabane, il ne peut l'employer qu'à
bâtir sa cabane; et tout, dans l'*intelligence*,
est général : car cette même flexibilité d'attention et de conception que le chien met à
obéir, il pourrait s'en servir pour faire toute
autre chose.

Il y a donc, dans les animaux, deux forces
distinctes et primitives : l'*instinct* et l'*intelligence*. Tant que ces deux forces restent
confondues, tout, dans les actions des animaux, est obscur et contradictoire. Parmi
ces actions, les unes montrent l'homme supérieur à la brute, et les autres semblent
faire passer la supériorité du côté de la brute.
Contradiction aussi déplorable qu'absurde!
Par la distinction qui sépare les actions aveu-
gles et nécessaires des actions électives et
conditionnelles, ou, en un seul mot, l'*instinct*
de l'*intelligence*, toute contradiction cesse,
la clarté succède à la confusion : tout ce qui,
dans les animaux, est *intelligence,* n'y approche, sous aucun rapport, de l'intelligence

de l'homme; et tout ce qui, passant pour *intelligence*, y paraissait supérieur à l'intelligence de l'homme, n'y est que l'effet d'une force machinale et aveugle.

Il ne reste plus à poser que la limite même qui sépare l'intelligence de l'homme de celle des animaux.

Les animaux reçoivent par leurs sens des impressions semblables à celles que nous recevons par les nôtres; ils conservent, comme nous, la trace de ces impressions; ces impressions conservées forment, pour eux comme pour nous, des associations nombreuses et variées; ils les combinent, ils en tirent des rapports, ils en déduisent des jugements; ils ont donc de l'intelligence.

Mais toute leur intelligence se réduit là. Cette intelligence qu'ils ont ne se considère pas elle-même, ne se voit pas, ne se connaît pas. Ils n'ont pas la *réflexion*, cette faculté suprême qu'a l'esprit de l'homme de se replier sur lui-même, et d'étudier l'esprit.

La *réflexion*, ainsi définie, est donc la limite qui sépare l'intelligence de l'homme de celle des animaux. Il y a là une ligne de démarcation profonde. Cette pensée qui se considère elle-même, cette intelligence qui se voit et qui s'étudie, cette connaissance qui se connaît, forment évidemment un ordre de phénomènes déterminés, d'une nature tranchée, et auxquels nul animal ne saurait atteindre. C'est là, si l'on peut ainsi dire, le monde purement intellectuel, et ce monde n'appartient qu'à l'homme. En un mot, les animaux sentent, connaissent, pensent; mais l'homme est le seul de tous les êtres créés à qui ce pouvoir ait été donné de sentir qu'il sent, de connaître qu'il connaît, et de penser qu'il pense.

II

DE QUELQUES OPINIONS CÉLÈBRES

TOUCHANT

L'INTELLIGENCE DES BÊTES

ARISTOTE.

Aristote fait marcher tout ensemble, dans son livre sur les *animaux*, la zoologie, l'anatomie comparée, l'histoire naturelle proprement dite.

Il a donné à la zoologie les premiers germes de la méthode naturelle ; à l'anatomie comparée, le grand principe de la *comparaison des organes* [1] ; à l'histoire naturelle pro-

1. Voyez ce que j'ai dit sur le principe de la *comparaison des organes*, dans mon *Histoire des travaux de G. Cuvier*, seconde édition, p. 150.

prement dite, une foule d'observations que
les modernes ont trouvées d'autant plus exac-
tes qu'ils sont devenus plus savants.

Je ne cherche ici qu'à me faire une idée
claire de ce qu'a pensé Aristote touchant l'intelligence des bêtes.

La philosophie de Descartes est la philosophie des qualités qui tranchent et qui s'ex-
cluent. La philosophie d'Aristote est celle
des qualités qui se graduent et qui s'en-
chaînent.

Longtemps avant d'être dans Leibnitz et
dans Bonnet, la belle vue de la *gradation des
êtres*[1] était dans Aristote.

« Le passage des êtres inanimés aux ani-
« maux se fait, dit-il, peu à peu : la conti-
« nuité des gradations couvre les limites qui
« séparent ces deux classes d'êtres, et sous-
« trait à l'œil le point qui les divise. Après
« les êtres inanimés, viennent d'abord les
« plantes qui varient en ce que les unes pa-

1. Voyez sur la *gradation des êtres*, mon *Histoire
des travaux et des idées de Buffon*, seconde édition,
p. 34.

« raissent participer à la vie plus que les
« autres. Le genre entier des plantes semble
« presque animé lorsqu'on le compare aux
« autres corps ; elles paraissent inanimées,
« si on les compare aux animaux. Des plan-
« tes aux animaux, le passage n'est point
« subit et brusque : on trouve dans la mer
« des corps dont on douterait si ce sont des
« animaux ou des plantes... La même gra-
« dation insensible, qui donne à certains
« corps plus de vie et de mouvement qu'à
« d'autres, a lieu pour les fonctions vi-
« tales[1]. »

Nulle part Descartes n'est plus exclusif
que lorsque, en fait d'intelligence, il donne
tout à l'homme, et refuse tout aux bêtes. Aristote voit ici, comme partout, des analogies,
des degrés, des nuances.

« Il se trouve, dit-il, dans la plupart des
« bêtes, des traces de ces affections de l'âme
« qui se montrent dans l'homme d'une ma-
« nière plus marquée. On y distingue un

1. *Histoire des animaux,* traduction de Camus,
livre VIII, p. 451.

« caractère docile ou sauvage : la douceur,
« la férocité, la générosité, la bassesse, la
« timidité, la confiance, la colère, la malice...
« On aperçoit même dans plusieurs quelque
« chose qui ressemble à la prudence réfléchie
« de l'homme. » — « On peut appliquer ici,
« continue-t-il, ce qui a été dit au sujet des
« parties du corps. Certains animaux, com-
« parés à l'homme, diffèrent d'avec lui par
« excès ou par défaut... Tantôt l'homme,
« relativement à quelques-unes de ces quali-
« tés, a plus que les bêtes ; tantôt c'est la
« bête qui a plus que l'homme, et il y a d'au-
« tres points sur lesquels on ne peut établir
« entre eux qu'un rapport d'analogie. Comme
« donc l'homme a en partage l'industrie, la
« raison et la prudence, quelques-uns des
« autres animaux ont aussi une sorte de fa-
« culté naturelle d'un autre genre, quoique
« *susceptible de comparaison,* qui les dirige. »
— « Ceci deviendra plus sensible, ajoute-t-
« il, si l'on considère l'homme dans son en-
« fance. On y voit comme des indices et des
« semences de ses habitudes futures ; mais

« dans cet âge, son âme ne diffère en rien,
« pour ainsi dire, de celle des bêtes. Ce n'est
« donc point aller contre la raison de dire
« qu'il y a entre l'homme et les animaux des
« facultés communes, des facultés voisines et
« des facultés analogues [1]. »

Aristote a bien vu la plupart des degrés qui
séparent les bêtes. « La brebis, dit-il, est le
« plus imbécile des quadrupèdes [2]. » — « De
« tous les animaux sauvages, le plus doux
« et le plus facile à apprivoiser est l'éléphant.
« Il a de l'intelligence, et on lui apprend
« beaucoup de choses... Ses sens sont exquis,
« et il surpasse les autres animaux en com-
« préhension [3]. »

Il a bien vu surtout le degré qui sépare
l'homme de la brute.

« Un seul animal, dit-il, est capable de
« réfléchir et de délibérer, c'est l'homme. Il
« est vrai que plusieurs autres animaux parti-
« cipent à la faculté d'apprendre et à la mé-

1. *Histoire des animaux,* livre VIII, p. 451.
2. Livre IX, p. 545.
3. Livre IX, p. 633.

« moire, mais lui seul peut revenir sur ce
« qu'il a appris[1]. »

Tout son livre est plein de faits curieux[2],
de remarques justes, d'observations fines.

« Le caractère de la femelle, dit-il, est
« plus doux ; elle s'apprivoise plus prompte-
« ment, reçoit plus volontiers les caresses,
« est plus facile à former[3]. » — « C'est
« dans tous les animaux, pour ainsi dire,
« qu'on aperçoit des vestiges de ces diffé-
« rents caractères, mais ils sont plus frap-
« pants dans ceux qui ont plus de ca-
« ractère ; ils le sont plus encore dans
« l'homme, car sa nature est achevée ; et de
« là toutes les habitudes de l'âme sont bien
« plus sensibles chez lui[4]. Ainsi, on voit la

1. *Histoire des animaux*, livre I, p. 13.
2. Particulièrement sur deux classes d'animaux, que
les modernes ont peu étudiées, les *poissons* et les *cétacés*.
3. *Histoire des animaux*, livre IX, p. 533.
4. « Les traits varient bien plus dans l'homme, dit
« Pline, que dans les autres animaux. La rapidité des
« pensées, la vivacité des affections, la variété des
« sensations produisent des différences infinies : dans

« femme plus portée à la compassion que
« l'homme, plus sujette aux larmes, plus ja-
« louse aussi et plus disposée à se plaindre
« qu'on la méprise. Elle aime davantage à
« médire...; elle se décourage et se déses-
« père plus tôt... On trompe les femmes plus
« facilement, mais elles oublient plus difficile-
« ment. Autre observation encore : les fem-
« mes sont plus éveillées quoique plus pares-
« seuses [1]... »

Des bêtes à l'homme tout n'est donc qu'une
chaîne de nuances suivies ; l'homme a *tantôt
plus, tantôt moins* que la bête ; l'homme seul,
il est vrai, paraît capable de *réflexion,* « et
« cependant, on aperçoit, dans plusieurs
« animaux, quelque chose qui ressemble à la
« prudence réfléchie de l'homme[2] ; » — « la
« belette montre de la réflexion dans la chasse
« qu'elle fait aux oiseaux[3] ; » — « la faculté
« qui dirige les animaux, quoique d'un autre

« les autres animaux, l'âme est immobile... » *Histoire
naturelle,* livre VII.

1. *Histoire des animaux,* livre IX, p. 635.
2. Livre VIII, p. 451.
3. Livre IX, p. 553.

« genre que celle de l'homme, est *susceptible*
« *de comparaison* [1] *:* » tout est donc relatif,
rien n'est absolu.

Les anciens n'avaient pas, de l'être immor-
tel qui est en nous, de l'âme, les notions
mieux démêlées que nous avons aujourd'hui.
A ces notions nouvelles il a fallu une philosophie nouvelle, et c'est Descartes qui nous
l'a donnée.

« Je me suis un peu étendu sur ce sujet,
« dit Descartes, à cause qu'il est des plus
« importants ; car, après l'erreur de ceux qui
« nient Dieu, laquelle je pense avoir ci-des-
« sus assez réfutée, il n'y en a point qui
« éloigne plutôt les esprits faibles du droit
« chemin de la vertu que d'imaginer que
« l'âme des bêtes soit de même nature que la
« nôtre, et que par conséquent nous n'avons
« rien à craindre ni à espérer après cette vie,
« non plus que les mouches et les fourmis ; au
« lieu que, lorsqu'on sait combien elles diffè-
« rent, on comprend beaucoup mieux les

1. *Histoire des animaux,* livre VIII, p. 451.

« raisons qui prouvent que la nôtre est d'une
« nature entièrement indépendante du corps,
« et par conséquent qu'elle n'est point sujette
« à mourir avec lui[1]. »

1. *Œuvres de Descartes*, t. I, p. 189.

PLUTARQUE.

On connaît le petit Traité de Plutarque :
Que les bestes usent de la raison.

Dans ce petit Traité, Gryllus, changé en
pourceau par Circé, et dont le raisonnement,
comme le remarque très-bien Ulysse [1], se sent
un peu de sa condition, Gryllus prétend que
« l'âme des animaux est mieux disposée et
« plus parfaite que celle de l'homme pour
« produire la vertu... » Il prétend qu'il n'est
pas de vertu dont les animaux ne soient ca-

1. « Il semble, Gryllus, que ce breuvage-là ne t'a
« pas seulement corrompu la forme du corps, mais
« aussi le discours de l'entendement, ou il faut dire que
« le plaisir que tu prends à ce corps, pour le long temps
« qu'il y a déjà que tu y es, t'a ensorcelé. » (Traduction d'Amyot.)

pables, « voire et davantage que le plus sage
« des hommes, etc. »

Ulysse répond par ces paroles, très-dignes
en effet de sa réputation de sagesse : « Prends
« garde, Gryllus, qu'il ne soit bien estrange,
« et que ce ne soit forcer toute vérisimilitude,
« de vouloir concéder l'usage de raison à ceux
« qui n'ont aucune intelligence ne pensement
« de Dieu. »

On se trompe souvent en citant Plutarque.
Plutarque fait dire le pour et le contre à ses
personnages; mais, entre ces personnages, il
y en a toujours un qui a plus de réserve, de
raison pratique, de bon sens que les autres;
et celui-là, c'est Plutarque.

D'ailleurs, pour ce qui est des bêtes, Plutarque n'est pas Aristote. Il n'est ni observateur, ni naturaliste; il est plus moraliste
que philosophe; et par là son point de vue
est vrai; car, s'il exalte les bêtes, c'est,
comme lui-même le dit, pour *faire honte aux
hommes* [1]; et cependant il distingue partout

1. « Et pensons-nous que la nature ait imprimé ces
« affections et passions en ces animaux-là pour soing

la raison de l'homme des instincts, des inclinations des brutes.

« Et quant aux bestes brutes, dit-il, elles
« n'ont pas ny beaucoup de discours de rai-
« son qui adoucit les mœurs, ny beaucoup
« de subtilité d'entendement...; mais bien
« elles ont des instincts, inclinations et appé-
« titions non régies par raison [1]... »

« qu'elle eust de leur postérité, et non pour faire honte
« aux hommes?... » (*De l'amour naturelle des pères
et mères envers leurs enfants.*)

1. *De l'amour naturelle des pères et mères envers
leurs enfants.*

MONTAIGNE.

Montaigne fait comme Plutarque. Il ne se pique ni de l'observation exacte du naturaliste, ni de l'analyse sévère du philosophe; il se sert des animaux pour « contraindre « l'homme; » il se plait « à le ranger dans « les barrières de la mesme police[1]. »

« Il y a, dit-il, quelque différence, il y a « des ordres et des degrés, mais c'est sous le « visage d'une même nature[2]. »

Il accorde sans façon, même aux araignées, *délibération, pensement* et *conclu-*

1. *Essais,* livre ii, chap. xii.
2. Livre ii, chap. xii.

sion[1] ; il se fait un jeu de se comparer à sa chatte.

« Quand je me joue à ma chatte, dit-il, qui
« sçait si elle passe son temps de moi, plus
« que je ne fais d'elle? Nous nous entrete-
« nons de singeries réciproques; si j'ai mon
« heure de commencer ou de refuser, aussi
« a-t-elle la sienne[2]. »

« C'est un plaisir, dit Bossuet, de voir

1. *Essais*, livre II, chap. XII. « Pourquoi espeissit l'arai-
« gnée sa toile en un endroit, et relasche en un aultre,
« se sert à cette heure de cette sorte de nœud, tantost
« de celle-là, si elle n'a et délibération, et pensement,
« et conclusion? » — A propos de la *délibération* et du
pensement de l'araignée, voici sur les fourmis quelques
paroles de Pline, qui ne sont ni plus sérieuses ni moins
ingénieuses : « ... Chez elles aussi vous trouvez une
« forme de république, de la mémoire, de la pré-
« voyance...; elles ont leur jour de marché pour se re-
« connaître mutuellement. Quel concours alors! avec
« quel empressement elles arrêtent et interrogent celles
« qu'elles rencontrent!... » Et comme ce petit tableau
finit bien par cette pensée soudaine et si juste! « Nous
« voyons des cailloux usés par leur passage, des sen-
« tiers battus dans le terrain qu'elles traversent pour
« aller à l'ouvrage : grand exemple de ce que peut en
« toute chose la continuité du plus petit effort! » *Histoire naturelle*, livre XI.

2. *Essais*, livre II, chap. XII.

« Montaigne faire raisonner son oie, qui, se
« promenant dans sa basse-cour, se dit à
« elle-même que tout est fait pour elle ; que
« c'est pour elle que le soleil se lève et se
« couche ; que la terre ne produit ses fruits
« que pour la nourrir ; que la maison n'est
« faite que pour la loger ; que l'homme
« même est fait pour prendre soin d'elle ; et
.« que si, enfin, il égorge quelquefois des oies,
« aussi fait-il bien son semblable[1]. »

1. *De la connaissance de Dieu et de soi-même.*

ARCUSSIA.

Arcussia, seigneur d'Esparron, a écrit plusieurs livres sur la *fauconnerie* [1].

Les auteurs de *vénerie*, de *fauconnerie*, ont été nos premiers auteurs d'histoire naturelle : témoin Gaston-Phœbus, que commentait Cuvier; témoin du Fouilloux, souvent cité par Buffon; témoin d'Arcussia, et d'autres.

D'Arcussia était à la fois passionné pour la fauconnerie, érudit et seigneur.

1. *La Fauconnerie de Charles d'Arcussia, de Capre, seigneur d'Esparron*, etc.. 1624; *la Conférence des fauconniers; les Lettres de Philoierax à Philofalco*, etc., etc.

En qualité d'écrivain passionné pour son sujet, il met l'intelligence des oiseaux au-dessus de l'intelligence de tous les autres animaux. « Et pourtant tels animaux, dit-il, « ne ratiocinent si parfaitement que les oi-« seaux [1]... »

En qualité d'érudit, il cite à tout propos les anciens : Aristote, Pline, etc.

En qualité de seigneur, il traite fort cava-lièrement ceux qu'il cite. « J'ai contredit... « sur les erreurs tant de lui (d'Aristote) que « de Pline [2]. » — « Je ne doute pas que si « l'Aristote était au monde, voyant ce que « nous lui ferions voir en effet, il ne l'accor-« dât [3]... »

Parmi les *Lettres* [4] de d'Arcussia, il en est une, la huitième, qui a pour titre : *Comme les oyseaux ont l'usage de raison.*

D'Arcussia rapporte d'abord quelques traits de ses oiseaux qui prouvent jusqu'à

1. *Lettres de Philoierax,* etc., lettre VIII.
2. *Ibidem.*
3. *Ibidem.*
4. *Ibidem.*

quel point ils sont capables de ruse. Après
quoi, il conclut ainsi : « Or ne sont-ce pas
« des preuves toutes évidentes pour nous
« faire connaître que tels oiseaux ont quel-
« que portion de la raison?... Qu'on leur
« donne donc, ajoute-t-il, ce qui leur appar-
« tient, et qu'on leur trouve un autre terme
« plus doux qu'irraisonnable [1]. »

Je remarque particulièrement cette phrase :
« Comment les oiseaux (sans l'usage de
« quelque raison) trouveraient-ils de nou-
« velles inventions aux inventions nouvelles
« que les hommes trouvent journellement
« pour les surprendre [2]? »

« On les voit, dit Bossuet, en parlant des
« animaux, éviter les périls, chercher les
« commodités, attaquer et se défendre aussi
« industrieusement qu'on le puisse imaginer,
« ruser même, et, ce qui est plus fin encore,
« prévenir les finesses [3]... »

1. *Lettres de Philoierax,* etc., lettre VIII.
2. *Ibidem.*
3. *De la connaissance de Dieu et de soi-même.*

LEIBNITZ.

Leibnitz s'était posé, comme Aristote, comme Descartes, le problème sérieux de l'intelligence des bêtes.

Jamais philosophe n'a eu de philosophie qui fût plus une. Ce vaste génie semble avoir vu les liaisons de tout. En philosophie, sa première loi est la *loi de continuité;* en histoire naturelle, son premier principe est le principe de la *gradation des êtres.*

« Il est malaisé de voir, dit Leibnitz, où
« le sensible et le raisonnable commencent...
« Il y a, continue-t-il, une différence exces-
« sive entre certains hommes et certains ani-
« maux brutes ; mais si nous voulons com-

« parer l'entendement et la capacité de
« certains hommes et de certaines bêtes,
« nous y trouverons si peu de différence
« qu'il sera bien malaisé d'assurer que l'en-
« tendement de ces hommes soit plus net et
« plus étendu que celui des bêtes[1]. »

Leibnitz porte si loin ses idées de continuité, de suite, que, quand la continuité lui
manque sur cette terre, il va la chercher
ailleurs. Il suppose, « dans quelque autre
« monde, des espèces moyennes entre l'homme
« et la bête[2]; » il suppose aussi, « quelque
« part, des animaux raisonnables qui nous
« passent. »

Venons à Leibnitz parlant avec plus de
rigueur. Alors il déclare nettement que *le
plus stupide des hommes* est infiniment supérieur à *la plus spirituelle des bêtes.*

1. *Nouveaux essais sur l'entendement humain,*
livre IV, chap. XVI.
2. La Fontaine a dit :

Descartes, ce mortel dont on eût fait un dieu
Chez les païens, et qui *tient le milieu*
Entre l'homme et l'esprit, comme entre l'huître et l'homme
Le tient tel de nos gens, franche bête de somme.....

« Le plus stupide des hommes, dit-il, est
« incomparablement plus raisonnable et plus
« docile que la plus spirituelle de toutes les
« bêtes, quoiqu'on dise quelquefois le con-
« traire par jeu d'esprit[1]. »

Leibnitz cite et approuve ces paroles de
Locke : « Nous ne saurions nier que les bêtes
« n'aient de la raison dans un certain degré.
« Et, pour moi, il me paraît aussi évident
« qu'elles raisonnent qu'il me paraît qu'elles
« ont du sentiment. Mais c'est seulement sur
« les idées particulières qu'elles raisonnent,
« selon que les sens les leur présentent[2]. »

Là se trouve, en effet, la limite des bêtes :
elles sont *purement empiriques*[3] ; elles *ne font
que se régler sur les exemples*[4] ; elles *n'ar-
rivent jamais à former des propositions nécessaires*[5]; tout s'y réduit aux sens[6]. Leib-

1. *Nouveaux essais sur l'entendement humain*,
livre VI, chap. XVI.
2. *Ibidem*, livre II, chap. XI.
3. *Idem*.
4. *Idem*.
5. Expressions de Leibnitz.
6. « C'est en quoi consiste, dit-il, tout le raisonne-

7

nitz pose une distinction profonde « entre les
« vérités nécessaires et celles de fait [1] ; » et
cette distinction est la même que celle qu'il
pose « entre le raisonnement des hommes et
« les consécutions des bêtes, qui n'en sont
« qu'une ombre [2]. »

« ment des bêtes...; elles ne se gouvernent que par les
« sens et par les exemples. » (*Nouveaux essais*, etc.,
Avant-propos.) Il dit encore : « Les consécutions des
« bêtes sont purement comme celles des simples empi-
« riques, qui prétendent que ce qui est arrivé quelque-
« fois arrivera encore dans un cas où ce qui les frappe
« est pareil, sans être pour cela capables de juger si les
« mêmes raisons subsistent. C'est par là qu'il est si aisé
« aux hommes d'attraper les bêtes, et qu'il est si facile
« aux simples empiriques de faire des fautes. » (*Nouveaux essais sur l'entendement humain*, Avant-
propos.)

1. *Ibidem*, livre i, chap. i.
2. *Ibidem*, livre i, chap. i.

LOCKE.

Les *Nouveaux essais sur l'entendement humain* de Leibnitz ne sont, comme chacun
sait, que le commentaire de l'*Essai sur l'entendement humain* de Locke : c'est le commentaire du génie par le génie, d'un génie
très-pénétrant, très-net, par un génie très-
élevé, très-vaste.

Leibnitz dit : « Les bêtes passent d'une
« imagination à une autre par la liaison
« qu'elles y ont sentie autrefois : par exem-
« ple, quand le maître prend un bâton, le
« chien appréhende d'être frappé... On pour-
« rait appeler cela *conséquence* et *raisonne-*

« *ment* dans un sens fort étendu. Mais j'aime
« mieux me conformer à l'usage reçu, en
« consacrant ces mots à l'homme, et en les
« restreignant à la connaissance de quelque
« raison de la liaison des perceptions, que
« les sensations seules ne sauraient don-
« ner[1]... »

La connaissance de *quelque raison* de la
liaison des perceptions est une vue très-fine,
et qui semble propre à Leibnitz.

Cependant Locke avait dit : « Je crois que
« les bêtes ne comparent leurs idées que par
« rapport à quelques circonstances sensibles,
« attachées aux objets mêmes. Mais pour ce
« qui est de l'autre puissance de comparer
« qu'on peut observer chez les hommes, qui
« roule sur les idées générales et ne sert que
« pour les raisonnements abstraits, nous
« pouvons conjecturer qu'elle ne se rencontre
« pas dans les bêtes[2]. »

Locke pose en fait que les bêtes *ne forment*

1. *Nouveaux essais sur l'entendement humain,*
livre II, chap. XI.

2. *Essai sur l'entendement humain,* livre II. chap. XI.

point d'abstractions. « Je crois être en droit
« de supposer, dit-il, que la puissance de
« former des abstractions ne leur a pas été
« donnée, et que cette faculté de former des
« idées générales est ce qui met une parfaite
« distinction entre l'homme et les brutes[1]. »

Leibnitz répond à Locke : « Je suis du
« même sentiment... ; je suis ravi de vous
« voir si bien remarquer les avantages de la
« nature humaine[2]. »

Les animaux ne font donc point d'abstractions. Ne faisant point d'abstractions, ils n'ont
point de langage, cette création la plus abstraite de toutes les créations de l'esprit humain. « Et l'on ne saurait dire, » continue
Locke, « que c'est faute d'organes propres à
« former des sons articulés, puisque nous en
« voyons plusieurs qui peuvent rendre de
« tels sons et prononcer des paroles assez
« distinctement... D'autre part, les hommes
« qui, par quelques défauts dans les organes,

1. *Essai sur l'entendement humain,* livre II, chap. XI.
2. *Nouveaux essais sur l'entendement humain,*
livre II, chap. XI.

7.

« sont privés de l'usage de la parole, ne
« laissent pourtant pas d'exprimer leurs
« idées universelles par des signes qui leur
« tiennent lieu de termes généraux [1]... »

Tout à l'heure, Locke était approuvé par
Leibnitz; il le serait sûrement ici par Descartes, car c'est de Descartes même qu'il tire
ces deux grands caractères qui distinguent
si profondément l'homme des bêtes : les *vérités universelles* et la *parole* [2].

1. *Nouveaux essais sur l'entendement humain*,
livre II. chap. XI.
2. Voyez, ci-devant, chap. I, p. 18-20.

BONNET.

La vie de Bonnet se partage en deux moitiés. Il passa la première à observer et à découvrir, et la seconde à méditer.

Dans la première, que j'appellerai l'époque du naturaliste, il *observa* l'instinct des insectes avec une sagacité merveilleuse. Dans la seconde, que j'appellerai l'époque du philosophe, il voulut *expliquer* les ressorts et le mécanisme de cet instinct.

G. Cuvier remarque, avec raison, que « Bonnet avait un besoin d'idées claires qui « le jetait plutôt dans les hypothèses que « dans les abstractions[1]. »

1. *Biographie universelle :* Vie de Bonnet.

Bonnet imagina donc une hypothèse sur l'*âme* des bêtes et sur leurs instincts[1].

Il part de ce fait, que le principe des mouvements volontaires est dans le cerveau.

Il veut ensuite que chaque idée réponde à une fibre du cerveau, que chaque idée ait sa fibre. Or, selon Bonnet, ces fibres se lient, se combinent, s'associent entre elles, comme les idées. Quand je me livre à une combinaison d'idées, il se produit, dans mon cerveau, une combinaison de fibres; et c'est en vertu de cette combinaison de fibres que tous mes mouvements voulus s'exécutent[2].

Supposons maintenant que ces combinaisons de fibres, acquises chez moi, sont originelles dans l'animal; et l'instinct des bêtes sera expliqué. Les bêtes feront naturellement,

1. *Hypothèse sur l'âme des bêtes et leur industrie*, t. VIII, p. 366. Neuchâtel, 1783.

2. « Un architecte, dit Bonnet, ne construit un bâti-
« ment que parce qu'il en a conçu le plan. L'invention
« ou le dessein est le fruit de l'étude et du travail.
« Mais quels effets cette étude et ce travail ont-ils pro-
« duits dans son cerveau? Ils ont donné à différentes
« fibres et à différents faisceaux de fibres des détermi-
« nations particulières et coordonnées qu'ils ont con-

primitivement, sans imitation, sans expérience, toutes ces mêmes choses que je ne
puis faire, moi, sans les avoir apprises, sans
préparation, sans étude.

« servées, et en conséquence desquelles l'âme de l'ar-
« chitecte a opéré... » — « Le cerveau de l'animal
« ne contiendrait-il point originairement un système
« représentatif de l'ouvrage et des moyens relatifs à
« l'exécution, et ce système de fibres ne le placerait-il
« point, à sa naissance, précisément dans le même état
« où une étude de plusieurs années place l'archi-
« tecte ? » (Tome VIII, p. 369.)

DE L'ESSAI ANALYTIQUE SUR L'AME,
DE BONNET.

L'hypothèse de Bonnet sur l'instinct des bêtes n'est qu'un cas particulier de son hypothèse générale sur ce qu'il appelle la *mécanique de nos idées* [1].

Voici le raisonnement de Bonnet.

L'homme n'est ni un corps seul, ni un esprit seul; c'est un esprit joint à un corps. Tout ce qui se passe dans l'esprit a donc quelque chose qui lui correspond dans le corps; tout ce qui se passe dans le corps, quelque chose qui lui correspond dans l'esprit.

1. Préface de l'*Essai analytique,* etc., t. VI, p. vij.

Les idées nous viennent des sens[1] ; la partie principale du sens est le nerf ; le nerf se compose de fibres ; le cerveau lui-même, origine de tous les nerfs, n'est qu'un faisceau de fibres.

Or, de ces fibres du cerveau, les unes sont *sensibles*, les autres *intellectuelles*[2] : par les premières, l'âme *sent;* par les secondes, elle *pense.*

Le mouvement, la *vibration* de chaque *fibre intellectuelle* donne une idée : si une seule fibre est en mouvement, on n'a qu'une idée ; on a plusieurs idées si plusieurs fibres se meuvent.

Enfin l'association des fibres donne l'association des idées; l'association des idées donne celle des fibres ; et rien, par conséquent, n'est plus simple que la *mécanique de nos idées.*

C'est qu'en effet rien n'est simple comme une hypothèse, quand on le veut bien. Mais, que fait l'hypothèse à la chose ? Bonnet ex-

1. Non pas toutes assurément ; mais suivons Bonnet.
2. Expressions de Bonnet.

plique nos idées par ses *fibres*[1], comme Gall
explique nos *facultés* par ses *petits cerveaux*[2] :
mais Bonnet a-t-il jamais prouvé la liaison
d'une fibre et d'une idée ? Gall a-t-il jamais
prouvé la liaison d'une faculté et d'un *petit
cerveau ?* Ils se perdent tous deux : en physiologie, parce qu'ils ne voient que les parties de l'organe et ne voient pas l'organe ; en
philosophie, parce qu'ils ne voient que les
parties de l'esprit, et ne voient pas l'esprit,
l'esprit *un*, essentiellement *un*, *l'unité du
moi, l'unité de l'âme.*

1. L'hypothèse de Bonnet est tirée d'Hartley. Mais,
dans Hartley comme dans Bonnet, la *doctrine des vi-
brations, du mouvement des fibres,* n'est qu'une
double méprise. On s'imagine, deux fois, expliquer un
mot par un autre : d'abord, le mot *idée* par le mot
vibration, et puis le mot *vibration* par le mot *idée*.

2. Voyez mon livre intitulé : *Examen de la phré-
nologie*.

REIMARUS.

Reimarus, professeur à l'Académie de Hambourg, publia, en 1760, un livre sur l'instinct des animaux[1]. Ce livre est plein d'intérêt.

Reimarus distingue très-nettement, dans les animaux, l'instinct de l'intelligence. « Toutes les opérations, dit-il, qui précèdent « l'expérience, et que les animaux sont por- « tés à exécuter de la même manière immé- « diatement après leur naissance, doivent « être regardées comme un pur effet de l'*in-*

1. *Observations physiques et morales sur l'instinct des animaux, leur industrie et leurs mœurs.* La traduction française, par Reneaume de La Tache, est de 1770.

« stinct naturel et inné, indépendant du des-
« sein, de la réflexion et de l'invention[1]. »

« Quelques animaux, ajoute-t-il, ont par-
« dessus d'autres une analogie plus ap-
« prochante des facultés de l'intelligence
« humaine... La plupart des animaux car-
« nassiers, et même ceux qui sont exposés
« à leur servir de proie, manifestent quelque
« chose de ressemblant à l'esprit, à la ruse
« et à l'invention. Plusieurs sont disposés à
« l'imitation ou sont susceptibles d'être ap-
« privoisés, instruits et dressés à diverses
« sortes de tours d'adresse[2]. »

Une philosophie douce règne partout dans
ce livre. Les merveilles des animaux y parlent sans cesse de l'auteur de tant de merveilles ; c'est là ce qui fait le charme du livre ;
tout, dans la nature, est entendement, art,
sagesse, prévision et fin : à chaque pas, la
perfection de l'ouvrage nous révèle l'industrie de l'artisan.

1. *Observations.* etc., tome I, p. 125.
2. *Ibidem*, p. 148.

DU LANGAGE DES BÊTES.

Aristote se borne à dire que quelques animaux « sont capables d'entendre les sons, et
« de discerner la variété des signes [1]. »

Plutarque reconnaît aussi que « les ani-
« maux n'ont que des voix, et point de lan-
« gage [2]. »

Montaigne n'est pas aussi sage. Il veut

[1]. « Quelques animaux participent à une sorte de
« capacité d'apprendre et de s'instruire, tantôt en pre-
« nant des leçons les uns des autres, tantôt en les re-
« cevant de l'homme; ce sont ceux qui sont capables
« d'entendre : je ne veux pas dire seulement d'entendre
« les différents sons, mais, de plus, de discerner la
« variété des signes. » (*Histoire des animaux*, livre XI,
p. 533.)

[2]. *Les opinions des philosophes.*

que les bêtes aient un langage ; nous ne
l'entendons point, il est vrai ; mais, à qui
la faute?

« C'est à deviner, dit-il, à qui est la faulte
« de ne nous entendre point ; car nous ne
« les entendons pas plus qu'elles nous : par
« cette mesme raison, elles nous peuvent
« estimer bestes, comme nous les en esti-
« mons [1]. »

On ne peut guère parler sérieusement des
rêveries de Dupont de Nemours sur le langage des bêtes.

Dupont de Nemours s'imagine que les
bêtes ont un *langage*; et, qui pis est, il s'i-
magine l'entendre. Il nous a donné, comme
on sait, la traduction des *chansons du rossi-
gnol*[2]; il nous a donné aussi le *dictionnaire
des corbeaux*, « travail qui lui a coûté, dit-il,
« deux hivers, et grand froid aux pieds et
« aux mains [3]. »

1. *Essais,* livre II, p. 12.
2. *Quelques mémoires sur différents sujets, la plupart d'histoire naturelle,* etc., p. 231. Paris, 1813.
3. *Ibidem,* p. 236.

L'erreur de tous ceux qui attribuent un langage aux bêtes est de ne pas distinguer les voix, les cris, les accents *naturels* des bêtes, du langage *artificiel*, des signes *arbitraires* de l'homme.

L'animal a des *voix* pour l'amour, pour la joie ; il a des *cris* de douleur, des *accents* de fureur, de haine, etc. Les animaux ont leurs gestes : « leurs mouvements, » comme le dit si spirituellement Montaigne, « leurs « mouvements discourent et traictent[1]. »

Mais enfin, ces voix, ces cris, ces accents, ces gestes ne sont que l'expression forcée, et non voulue, des affections des bêtes. Ce n'est là, si je puis ainsi dire, que le langage du corps.

L'esprit a aussi son langage où tout est artificiel, créé, convenu, voulu. Quand j'attache un mot à une idée, c'est que je le veux. Je puis le changer pour un autre. Si je sais vingt langues, j'ai vingt mots pour la même idée. Dans ma langue même, j'ai le mot

---

1. *Essais*, livre II, chap. XII.

8.

parlé et le mot écrit. Tout est signe pour
l'homme; tout peut lui être langage. Nos
monnaies sont des langues, car elles nous
représentent des suites d'idées convenues.

Le cri de l'animal peut bien réveiller une
idée, mais il n'est pas le produit d'une idée.
Et toute la différence est là. Les animaux ne
se font pas un langage; leurs cris ne sont
pas des signes convenus, des mots créés:
ils ont des *voix* naturelles; ils n'ont pas de
langue.

« Le perroquet le mieux instruit ne trans-
« mettra pas le talent de la parole à ses
« petits, » dit spirituellement Buffon [1].

Il avait déjà dit, et avec un sens exquis :
« C'est par les rapports d'organisation que le
« serin répète les airs de musique et que le
« perroquet imite le signe le moins équivoque
« de la pensée, la parole, qui met, à l'exté-
« rieur autant de différence entre l'homme
« et l'homme qu'entre l'homme et la bête,
« puisqu'elle exprime dans les uns la lumière

1. T. VII, p. 184.

« et la supériorité de l'esprit, qu'elle ne laisse
« apercevoir dans les autres qu'une confusion
« d'idées obscures ou empruntées, et que
« dans l'imbécile ou le perroquet elle marque
« le dernier degré de la stupidité, c'est-à-dire
« l'impossibilité où ils sont tous deux de pro-
« duire intérieurement la pensée, quoiqu'il
« ne leur manque aucun des organes néces-
« saires pour la rendre au dehors[1]. »

1. T. II, p. 355.

DE LA NON-PERFECTIBILITÉ DE L'ESPÈCE
DANS LES ANIMAUX.

L'animal ne fait jamais de progrès comme *espèce*. Les individus font des progrès, ainsi que nous l'avons vu ; mais l'*espèce* n'en fait point. La génération d'aujourd'hui n'est point supérieure à celle qui l'a précédée, et la génération qui doit suivre ne dépassera pas l'actuelle.

L'homme seul fait des progrès comme *espèce*, parce que seul il a la *réflexion*, cette faculté suprême que j'ai définie : l'action de l'esprit sur l'esprit[1].

1. « Au-dessus des sensations, des imaginations et « des appétits naturels, il commence à s'élever en nous

Or, c'est l'action, c'est l'étude de l'esprit sur l'esprit qui produit la *méthode*, c'est-à-dire l'*art* que l'esprit se donne à lui-même pour se conduire ; et c'est cette première découverte de la *méthode* qui nous donne toutes les autres.

La *méthode* est l'instrument de l'esprit comme les instruments ordinaires, les instruments *physiques*, sont les instruments de nos sens. Et elle ajoute à notre esprit, comme ils ajoutent à nos sens.

L'homme a donc la *réflexion* que n'a pas l'animal ; et, par la *réflexion*, il a la *méthode* ; et, par la *méthode*, il *découvre*, il *invente*.

Par la *méthode*, l'esprit de tous les hommes devient un seul esprit, qui se continue de gé-

« ce qui s'appelle réflexion, c'est-à-dire que nous re-
« marquons nos sensations, nous les comparons avec
« leurs objets, nous recherchons les causes de ce qui se
« fait en nous et hors de nous ; en un mot, nous enten-
« dons et nous raisonnons, c'est-à-dire que nous con-
« naissons la vérité, et que d'une vérité nous allons à
« une autre. » BOSSUET, *De la connaissance de Dieu et de soi-même.*

nération en génération et ne finit point. Une génération commence une découverte, et c'en est une autre qui la termine.

Les *méthodes* elles-mêmes se renouvellent et se perfectionnent sans cesse; et c'est là le plus grand progrès.

Descartes n'a renouvelé l'esprit humain que parce qu'il a renouvelé la *méthode*.

CONCLUSION

DES DEUX PREMIERS CHAPITRES.

Toutes mes études me ramènent donc toujours à mes conclusions précédentes.

Il y a trois faits : l'instinct, l'intelligence des bêtes, et l'intelligence de l'homme ; et chacun de ces faits a sa limite marquée.

L'instinct agit sans connaître ; l'intelligence connaît pour agir ; l'*intelligence* seule de l'*homme* connaît et se connaît.

La *réflexion,* bien définie, est la *connaissance de la pensée par la pensée.*

Et ce *pouvoir de la pensée sur la pensée* nous donne tout un ordre de rapports nouveaux. Dès que l'esprit se voit, il se juge ; dès qu'il peut agir sur soi, il est libre ; dès qu'il est libre, il devient moral.

L'homme n'est moral que parce qu'il est libre.

L'animal suit le corps : au milieu de ce corps, qui l'enveloppe partout de matière, l'esprit humain est libre, et si libre qu'il peut, quand il le veut, immoler le corps même.

« Le grand pouvoir de la volonté sur le « corps consiste, dit Bossuet, dans ce prodi- « gieux effet, que l'homme est tellement « maître de son corps qu'il peut même le « sacrifier à un plus grand bien qu'il se pro- « pose. Se jeter au milieu des coups et s'en- « foncer dans les traits par une impétuosité « aveugle, comme il arrive aux animaux, ne « marque rien au-dessus du corps ; mais se « déterminer à mourir avec connaissance et « par raison, malgré toute la disposition du « corps, qui s'oppose à ce dessein, marque « un principe supérieur au corps ; et, parmi « les animaux, l'homme est le seul où se « trouve ce principe[1]. »

1. *De la connaissance de Dieu et de soi-même.*

III

CONSIDÉRATIONS DIVERSES.

———

DE LA LIBERTÉ.

Je l'ai déjà dit dans le premier chapitre de cet ouvrage : les animaux font plusieurs choses indépendamment des besoins présents, et par la seule *prévoyance* des suites. Or, ils ne *prévoient* qu'en conséquence des impressions éprouvées ; ils *réfléchissent* donc jusqu'à un certain point sur ces impressions ; ils ont donc une certaine espèce de *réflexion*. Mais ils n'ont pas la *réflexion* que nous avons définie l'*action de l'esprit sur l'esprit*. Ils *pensent* sans savoir qu'ils *pensent*. Les actes de

9

leur *esprit* sont, sans avoir la connaissance qu'ils sont ; et c'est cette connaissance seule des actes de l'esprit par l'esprit qui constitue la *réflexion*.

Il en est de la *liberté* comme de la *réflexion*.

Malebranche a défini la *liberté* par l'*intelligence*, et avec grande raison : la *liberté* n'est que l'*intelligence* qui juge, qui délibère, qui choisit ; et, par conséquent, il y a autant de degrés pour la *liberté* qu'il y en a pour l'*intelligence*.

F. Cuvier dit très-bien que certains animaux sont *libres* par rapport à d'autres : « Les *quadrumanes* et les *carnassiers*, dit-il, « sont en quelque sorte des animaux libres « en comparaison des insectes. »

La *liberté* n'est donc qu'une conséquence donnée de l'*intelligence*.

Les animaux ont donc un certain degré, une certaine espèce de *liberté*, comme ils ont une certaine espèce de *réflexion*.

DE L'INSTINCT ET DE L'HABITUDE.

Il manquerait quelque chose à mon exposition des phénomènes de l'*instinct*, si je ne disais un mot de la comparaison qui en a été faite avec les phénomènes de l'*habitude*.

L'*habitude* d'une action consiste en ce que l'*acte corporel*, par lequel s'opère cette action, finit par se reproduire sans le concours de l'*acte intellectuel* qui, primitivement, était nécessaire. Il semble donc que, par l'*habitude*, il s'établisse entre nos organes, d'une part, et nos penchants, nos besoins, nos appétits, nos idées, d'autre part, une dépendance

immédiate et telle que l'intermédiaire de
notre esprit devienne inutile.

« Ces deux ordres de phénomènes, les
« phénomènes de l'*instinct* et ceux de l'*habi-*
« *tude*, pourraient tellement se confondre, »
dit F. Cuvier, « qu'on ferait en quelque sorte
« de l'instinct avec de l'habitude : une per-
« sonne qui se serait exercée, dès son en-
« fance, à ramasser et à cacher tout ce qui
« lui reste de ses repas, finirait par le faire
« aussi machinalement et aussi inutilement
« que le chien domestique, et la comparaison
« du tisserand et de l'araignée est bien plus
« exacte et plus juste qu'on n'a pu le penser. »

Nous avons vu, dans notre premier chapitre, que Condillac a voulu rattacher aussi
les phénomènes de l'*instinct* aux phénomènes
de l'*habitude*. Pour lui, l'*instinct* n'est que
l'*habitude* privée de réflexion. Sa distinction
entre le *moi d'habitude* et le *moi de réflexion* est ingénieuse.

« Lorsqu'un géomètre, dit-il, est fort oc-
« cupé de la solution d'un problème, les

« objets continuent encore d'agir sur ses
« sens. Le *moi d'habitude* obéit donc à leurs
« impressions : c'est lui qui traverse Paris,
« qui évite les embarras, tandis que le *moi*
« *de réflexion* est tout entier à la solution
« qu'il cherche[1]. »

Mais une différence essentielle entre la manière de voir de Condillac et celle de F. Cuvier,
c'est que Condillac ne se sert de *l'habitude*
que pour ramener *l'instinct* à *l'intelligence;*
c'est qu'il veut que *l'instinct* soit un *commen-*
cement de connaissance. F. Cuvier montre,
au contraire, que toute action instinctive est
dépourvue d'intelligence et de connaissance.
En un mot, Condillac compare *l'instinct* et
l'habitude par leur origine, qu'il croit commune; et F. Cuvier les compare, malgré
leur diversité d'origine, et par cela seul que,
l'habitude une fois acquise, tout s'y passe
comme dans *l'instinct,* c'est-à-dire sans *intel-*
ligence.

1. *Traité des animaux,* deuxième partie, chap. v.

9.

Condillac dit non-seulement que « l'*instinct* n'est que l'*habitude* privée de *réflexion*; » mais il veut expliquer par là comment les bêtes, « n'ayant que peu de « besoins, et répétant tous les jours les « mêmes choses, doivent n'avoir enfin que « des habitudes, et être bornées à l'in- « stinct [1]. » L'*instinct* est antérieur à tout; on ne peut donc le faire dériver de l'*habitude*.

D'un autre côté, on peut croire que toute *intelligence* n'est pas exclue de l'*habitude*; c'est ce que je pense, et alors l'analogie, supposée par F. Cuvier, n'existerait pas. Encore une fois, il ne compare l'*instinct* à l'*habitude* que parce que, à ses yeux, l'*habitude* est, comme l'*instinct*, dépourvue de connaissance.

1. *Traité des animaux*, deuxième partie, chap. v.

ROLE DES SENS.

On a beaucoup exagéré l'influence des sens sur l'intelligence. Helvétius va jusqu'à dire que l'homme ne doit qu'à ses mains la supériorité qu'il a sur les bêtes.

Chose curieuse, Galien combattait déjà, dans Anaxagore, la doctrine d'Helvétius.

Remarquons, d'abord, que personne n'a mieux vu que Galien tout ce qu'il y a d'admirable dans la structure de la main, tout ce qu'il y a de presque infini dans les services qu'elle nous rend.

« La nature, dit-il, a donné au lion ses « dents et ses griffes, au taureau ses cornes,

« au sanglier de longues dents saillantes... »

Il dit encore : « La nature a donne la vélo-
« cité au cheval, et à l'homme, la raison et
« des mains pour dompter le cheval[1]. » —
« Le lion est plus rapide que l'homme;
« qu'importe? Le cheval, dompté par la rai-
« son et les mains de l'homme, est plus
« rapide que le lion[2]... »

« Quant à l'homme, comme il est sage, la
« nature, au lieu d'armes et de défenses, lui
« a donné des mains qui lui suffisent pour
« toute espèce d'industrie;... avec lesquelles
« il se forge des lances, des javelots, des flè-
« ches;... avec lesquelles il écrit les lois du
« gouvernement, dresse des autels aux dieux
« et leur érige des statues;... rassemble ses
« réflexions et ses observations, et les perpé-
« tue en les écrivant : bienfait auquel la gé-
« nération d'aujourd'hui doit de pouvoir s'en-
« tretenir avec Platon, Aristote, Hippocrate,
« et les autres anciens[3]. »

1. *De l'usage des parties*, livre III.
2. *Ibidem*, livre I.
3. *Ibidem*.

Voilà sans doute un bel éloge des *mains ;* et l'on peut croire qu'Helvétius n'aurait pas mieux dit.

« Mais, » ajoute aussitôt Galien avec sa supériorité de vue, « ce n'est pas parce que « l'homme a des mains qu'il est l'animal le « plus sage, comme le disait Anaxagore; « c'est, au contraire, parce qu'il est le plus « sage des animaux que la nature lui a donné « des mains, comme Aristote le soutient plus « justement[1]. »

Il continue : « Ce ne sont pas les mains « qui ont inventé les arts, c'est la raison : la « raison se sert des mains, comme le musi- « cien de la lyre, comme le maréchal des te- « nailles... Et comme ce n'est ni la lyre qui « instruit le musicien, ni les tenailles le ma- « réchal, lesquels n'en sont pas moins arti- « sans par leur seule raison, quoiqu'ils ne « puissent rien faire sans ces instruments, de « même l'âme n'en tire pas moins de son es- « sence propre toutes ses facultés, quoique

1. *De l'usage des parties,* livre i.

« ces facultés ne puissent rien exécuter sans
« les organes du corps [1]. »

« Les différentes parties du corps, » ajoute-
t-il, « n'ont aucune influence sur l'âme;
« elles ne lui communiquent point la crainte,
« ni la valeur, ni la sagesse [2]... »

Tout cela est du plus beau sens.

A suivre le système d'Helvétius, le singe
devrait être fort supérieur à l'homme; car
il a quatre mains, et l'homme n'en a que
deux.

Dans les animaux eux-mêmes, ce n'est pas
des *sens extérieurs,* mais d'un organe beaucoup plus profond, beaucoup plus interne,
mais du *cerveau,* que dépend le développement de l'intelligence.

Le *phoque* n'a que des sens très-imparfaits
(la vue, le goût, l'odorat, l'ouïe); il n'a que
des nageoires au lieu de mains; et cependant
il a, relativement aux autres mammifères,
une intelligence très-étendue.

1. *De l'usage des parties,* livre I.
2. *Ibidem.*

C'est qu'il est aussi l'un des mammifères dont le cerveau est le plus développé [1].

La question de l'influence des sens sur l'intelligence est une de celles qui mériteraient le plus un examen nouveau.

Au reste, à vouloir la traiter véritablement, ce ne serait pas dans Helvétius, ce serait dans Condillac qu'il faudrait la suivre.

« L'œil, dit Condillac, a besoin des secours « du tact pour juger des distances, des gran- « deurs, des situations et des figures [2]. » Il ne s'arrête pas là, car il dit que « l'œil est par « lui-même incapable de voir un espace hors « de lui [3]. »

1. Voyez, sur l'intelligence du *phoque,* les observations de F. Cuvier.

2. *Traité des sensations,* troisième artie, chap. III.

3. *Ibidem,* première partie, chap. XI. La vue , dit « Condillac, ne s'étend pas au delà de la prunelle. » (*Traité des sensations,* troisième partie , chap. III).

Cependant, dès que le poulet voit le *grain,* il le voit où il est, et non *sur sa prunelle.*

Dès que l'enfant suit des yeux un objet, il le suit où il est, et non *sur sa prunelle.*

L'expérience de Cheselden , sur laquelle se fonde Condillac (d'un jeune aveugle-né à qui l'on abaissa la

Chacun sait pourtant que les petits poulets *becquètent* au sortir de l'œuf : ils ne *rencontrent* pas toujours, il est vrai ; mais ce n'est pas faute de *voir juste*, c'est faute d'un équilibre assez ferme dans leur petit corps.

« Le poulain, une heure après sa nais-
« sance, dit d'Arcussia, suit la jument sa
« mère, et se conduit parmi les précipices [1]. »

Je trouve, dans F. Cuvier, les deux observations suivantes :

« Dès que le petit vit le jour », dit-il, (il
s'agit d'un petit singe, d'un *Rhésus*), « il
« parut distinguer les objets et les regarder
« très-réellement ; il suivait des yeux les
« mouvements qui se faisaient autour de lui,
« et rien n'annonçait qu'il *eût besoin du tou-*
« *cher pour apprécier* la plus ou moins grande
« distance où ces corps étaient de lui.....
« Au bout de quinze jours environ, le petit

cataracte, et qui, dans le premier moment où il vit, *crut que les objets touchaient ses yeux*), aurait grand besoin d'être répétée.

1. *Lettres de Philoierax*, etc., Lettre XXIV.

« commença à se détacher de sa mère, et dès
« ses premiers pas il montra une adresse et
« une force qui ne pouvaient être dues ni à
« l'exercice ni à l'expérience, et qui mon-
« traient bien que toutes les suppositions
« qu'on a faites sur la *nécessité absolue du*
« *toucher pour l'exercice de certaines fonctions*
« *de la vue* sont illusoires. »

Il dit ailleurs, en parlant d'un jeune *bison* :
« A peine fut-il né, qu'il se leva sur ses
« jambes et alla, presque en courant, sur
« tous les points de son écurie, sans se
« heurter, et en se conduisant comme s'il
« eût connu les lieux par expérience. »

Or, il est à remarquer que tous les animaux dont je viens de parler, les *poulets,* les
chevaux, les *singes,* les *ruminants,* etc., naissent les yeux ouverts. D'autres animaux, au
contraire, naissent les yeux fermés, par exemple, le *chien,* etc. L'homme naît avec les yeux
ouverts, mais qui n'ont pas encore toutes les
conditions requises pour une vision nette et
distincte.

Dans la question, d'ailleurs si compliquée, des rapports de la *vue* et du *toucher*, il faut donc faire entrer un élément de plus, celui des espèces, ou, plus exactement, celui de l'état où se trouve l'*organe de la vue*, selon les espèces, dans les premiers moments où la vision s'opère.

« Nous apprenons à voir, » dit Dupont de Nemours, « comme nous apprenons à lire [1]. »

Dupont de Nemours confond ici deux choses très-distinctes. *Lire*, c'est appliquer un sens convenu à un signe. *Voir*, c'est tout simplement apercevoir, distinguer ce signe. *Lire*, c'est appliquer un fait primitif donné, le fait de *voir*, à un usage particulier. Et cet usage s'apprend. Nous apprenons à *lire*, comme nous apprenons à *danser*, à *sauter sur une corde* [2]; mais apprenons-nous à *voir*?

On peut en douter.

« Je ne dirai pas comme tout le monde, et « comme j'ai dit jusqu'à présent moi-même

1. *Mémoire sur l'instinct*. p. 161.
2. Voyez, plus loin, ce que je dis du *marcher*.

« et fort peu exactement, » dit très-bien Condillac, « que nos yeux ont besoin d'appren-
« dre à voir, car ils voient nécessairement
« tout ce qui fait impression sur nous;...
« mais je dirai qu'ils ont besoin d'apprendre à
« regarder. C'est de la différence qui est entre
« ces deux mots que dépendait l'état de la
« question [1]. »

La question, ainsi posée, n'en est plus une.
S'il ne s'agit plus de *voir*, mais de *regarder*,
et si *regarder*, comme le dit encore Condillac,
est *discerner*, *analyser* [2], il est trop évident
que nous apprenons à *regarder*, à *discerner*, à
analyser.

Je ne fais plus qu'une seule remarque :
c'est qu'une première difficulté, dont il faut
se débarrasser en lisant Condillac, se trouve

---

1. *Traité des sensations*, troisième partie, chap. III.
2. « Il semble qu'on ne sache pas qu'il y a de la dif-
« férence entre voir et regarder ; et cependant nous ne
« nous faisons pas des idées aussitôt que nous voyons ;
« nous ne nous en faisons qu'autant que nous regardons
« avec ordre, avec méthode. En un mot, il faut que nos
« yeux analysent..... » *Ibidem.*

dans l'emploi de certaines expressions qui ne sont pas justes, et que Condillac sait très-bien n'être pas justes.

Ainsi, par exemple, il dit : que le *toucher* seul *juge* des objets extérieurs par lui-même[1]; que les autres *sens* n'en *jugent* que par le *toucher*[2] ; que c'est le *toucher* qui *instruit* les autres sens[3], etc.

Et cependant il avait dit ailleurs que *les sens ne sont que cause occasionnelle; qu'ils ne sentent pas; que c'est l'âme seule qui sent à l'occasion des organes*[4].

A n'employer ici qu'un langage rigoureusement précis, c'est donc l'*esprit* seul qui *sent*, l'esprit seul qui *juge*, l'*esprit* seul qui s'*instruit*. Aucun *sens* n'en *instruit* un autre. L'*esprit* seul s'*instruit* en corrigeant un sens par l'autre, ou, à parler plus exactement encore, en corrigeant les impressions

---

1. *Traité des sensations*, Préambule de l'*Extrait raisonné*.
2. *Ibidem*.
3. *Extrait raisonné*, Précis de la troisième partie,
4. *Extrait raisonné*, Préambule.

d'un sens par les impressions d'un autre.

L'*œil* ne voit donc pas, c'est l'*intelligence* qui voit par l'œil [1].

Et il y a une expérience directe qui le démontre formellement.

Quand on enlève le *cerveau proprement dit* à un animal, l'animal perd toute *intelligence*. Mais, par rapport à l'œil, rien n'est changé : les objets continuent à se peindre sur la *rétine*; l'*iris* reste contractile, le *nerf optique* excitable. Et cependant l'animal ne voit plus; il n'y a plus *vision*, parce qu'il n'y a plus *intelligence* [2].

Ce même Dupont de Nemours, qui est si sûr que *nous apprenons à voir*, veut que *nous apprenions tout* [3] : il veut que

1. Et le bon, le profond La Fontaine a toujours raison :

    Quand l'eau courbe un bâton, ma raison le redresse;
    La raison décide en maitresse;
    Mes yeux, moyennant ce secours,
    Ne me trompent jamais, en me mentant toujours.

2. Voyez mes *Recherches expérimentales sur les propriétés et les fonctions du système nerveux* (seconde édition).

3. *Quelques mémoires sur différents sujets, la plu-*

nous apprenions à *teter*, à *marcher*, etc.

Il veut que les actions, *attribuées à l'instinct*, soient, « de toutes les actions, celles
« où la perception est la plus vive, la logique
« la plus rigoureuse, la prévoyance la plus
« ingénieuse et la plus sûre[1]. »

Dupont de Nemours dit que *teter* est un
art[2]. que cet *art* s'apprend par *raisonnement*,
par *méthode*[3], par *un certain nombre d'expériences, suivies d'inductions justes*[4]. Et il ne
voit pas que l'enfant *tette* sans *raisonnement*,
sans *expériences*, sans *inductions*, car dès
qu'il rencontre le mamelon, il *tette*.

Enfin, est-il bien vrai que *nous apprenions
à marcher ?* A l'époque où écrivait Dupont
de Nemours, le principe qui règle le mécanisme des *mouvements de locomotion* n'était
pas connu. Aujourd'hui que j'ai fait connaître

part d'histoire naturelle, etc., 1813: *Mémoire sur
l'instinct*, p. 160.
1. *Mémoire sur l'instinct*, p. 157.
2. *Ibidem*, p. 163.
3. *Ibidem*, page 171.
4. *Ibidem*, page 164.

ce principe[1], il est permis de dire que le fait
de *marcher*, loin d'être un fait d'*intelligence*,
n'est pas même un fait d'*instinct*.

Le principe qui règle le mécanisme de la
marche réside dans une partie déterminée de
l'*encéphale*, partie qui est tout autre que celle
dans laquelle réside l'*intelligence*.

J'ai montré, par des expériences directes[2],
que l'*encéphale* se compose de trois parties
essentiellement distinctes : le *cerveau proprement dit*[3], siége exclusif de l'*intelligence*; le
cervelet, siége du principe qui règle l'*équilibration*, ou la *coordination* des mouvements
de *locomotion*[4]; et la *moelle allongée*, siége du
principe qui règle le mécanisme de la *respiration*, et, par suite, le mécanisme entier
de la vie.

Quand on enlève, sur un animal, le *cerveau*

---

1. Voyez mes *Recherches expérimentales sur les
propriétés et les fonctions du système nerveux dans
les animaux vertébrés* (seconde édition). Paris, 1842.

2. *Ibidem.*

3. *Lobes*, ou *hémisphères cérébraux.*

4. La *marche*, le *saut*, la *course*, etc.

proprement dit [1] *,* on abolit l'*intelligence;* quand on enlève le *cervelet,* on abolit les mouvements de *locomotion;* quand on détruit la *moelle allongée,* on abolit la *respiration* et la vie.

Mais, ce qu'il suffit de remarquer ici, c'est qu'on peut faire perdre l'*intelligence* à un animal en lui enlevant le *cerveau proprement dit,* sans troubler la *régularité* de ses mouvements. Cette *régularité* subsiste tant que le *cervelet* reste intact ; elle subsiste après que l'*intelligence* est perdue : elle ne dépend donc pas de l'*intelligence.*

« *Marcher,* dit Dupont de Nemours, c'est « se tenir alternativement en équilibre sur un « pied et sur l'autre [2] : » définition qui est très-juste. Mais il ajoute que c'est là un *art,* « et un art *si bien acquis,* que les hommes « les plus robustes l'*oublient* lorsqu'ils déran- « gent leur raison par l'intempérance [3]. » Nullement. C'est que le *cervelet,* siége du

1. Lobes, ou *hémisphères cérébraux.*
2. *Mémoire sur l'instinct,* p. 160.
3. *Ibidem,* p. 160.

principe qui règle les mouvements, est directement affecté *dans l'intempérance*[1]. Un animal dont on blesse le *cervelet* perd l'équilibre
de ses mouvements, comme un animal ivre.

« Il y a des hommes, » dit encore Dupont
de Nemours, « qui étendent l'*art de marcher*
« jusqu'à danser et sauter sur une corde[2]. »
Et il confond encore deux choses absolument
distinctes : l'*équilibre primitif* des mouvements, *équilibre* donné par le *cervelet*, et
l'usage qu'on fait de cet *équilibre,* une fois
donné, pour *danser,* pour *sauter sur une
corde,* pour *courir,* pour *marcher,* etc. En un
seul mot, c'est l'*intelligence* qui veut le mouvement et le genre de mouvement : mais
l'*équilibre,* c'est-à-dire l'*harmonie* de tous les
efforts partiels qui amènent un mouvement
régulier et d'ensemble, cet *équilibre* dépend
d'un organe particulier, du *cervelet,* et cet
organe est indépendant de l'*intelligence*.

1. Voyez mes *Recherches expérimentales sur les
propriétés et les fonctions du système nerveux,* etc.
2. *Mémoire sur l'instinct,* p. 160.

DES ACTES INSTINCTIFS.

« Il est de la nature des animaux, » dit
Galien, « de n'avoir besoin d'aucune instruc-
« tion. »

« C'en est assez pour que je pense que c'est
« plutôt par le jeu de l'instinct que par l'effet
« de la raison que les animaux conduisent
« leurs opérations industrielles; je conclus
« donc qu'il ne faut ni instruction ni expé-
« rience aux abeilles, aux araignées, aux
« fourmis, pour construire leurs rayons, leurs
« toiles, leurs galeries souterraines et leurs
« magasins[1]. »

1. *De l'usage des parties,* livre I.

Je l'ai déjà dit : tout ce que l'animal fait par instinct, il le fait *sans l'avoir appris.*

Qui apprend au ver à soie à faire son cocon? Il n'a point vu ses parents : une génération ne voit pas l'autre.

Qui apprend à l'araignée à tisser sa toile? Pourquoi fait-elle bien du premier coup? Pourquoi fait-elle toujours bien? Pourquoi ne peut-elle faire mal?

Tout le monde connaît *l'araignée des jardins,* dont *la toile est le modèle des rayons qui partent d'un centre*[1]. Je l'ai vue bien souvent, à peine éclose, commencer à tisser sa toile : ici, l'instinct agit seul.

Mais, si je déchire la toile, l'araignée la répare; elle répare l'endroit déchiré; elle ne touche point au reste; et cet endroit déchiré, elle le répare aussi souvent que je le déchire.

Il y a, dans l'araignée, *l'instinct* machinal qui *fait* la toile, et l'*intelligence* (l'espèce d'intelligence qui peut être dans une araignée)

1. Expressions de Reimarus. *Observations physiques et morales sur l'instinct,* etc., t. 1, p. 129.

qui l'avertit de *l'endroit déchiré,* de l'endroit
où il faut que *l'instinct agisse.*

Lorsque Réaumur, de Geer, les deux Huber
donnent de *l'intelligence* aux insectes, ils
prennent le mot *intelligence* dans un sens
très-peu défini.

J'ai déjà cité Réaumur, qui leur attribue,
« autant qu'à aucun des autres animaux, un
« *certain degré d'intelligence* [1]. »

Charles de Geer, cet autre Réaumur [2], nous
dit aussi que « les insectes sont doués d'*intel-*
« *ligence* comme les autres animaux, *quoique*
« *à un moindre degré* [3]. »

François Huber, cet admirable observateur
des abeilles, admirable même après Réaumur,
voulant nous peindre l'accueil empressé que
les abeilles font à une nouvelle reine, nous
dit « qu'elles y mettent, dans le premier

1. Voyez, ci-devant, p. 34.
2. Il a été nommé en effet, et à très-juste titre, le
Réaumur suédois.
3. *Mémoires pour servir à l'histoire des insectes,*
t. II, p. 11.

« instant surtout, plus de chaleur et *plus de*
« *démonstrations;* » mais il ajoute aussitôt et
avec grâce : « Je sens l'impropriété de ces
« termes ;... M. de Réaumur les a en quelque
« sorte consacrés : il ne fait aucune difficulté
« de dire que les abeilles rendent à leur reine
« des *soins,* des *respects,* des *hommages*[1]... »

C'est de ces *expressions* de Réaumur que
se moquait Buffon, comme nous avons vu[2].
« Plus on observe, dit-il, ce panier de mou-
« ches, plus on découvre de merveilles : un
« fond de gouvernement inaltérable et tou-
« jours le même, un respect profond pour la
« personne en place, une vigilance singulière
« pour son service[3]... »

Pierre Huber, fils de François Huber, et,
comme lui, observateur d'une habileté rare,
croit avoir découvert le langage des fourmis.

Il l'appelle *langage antennal,* « parce que

1. *Nouvelles observations sur les abeilles,* etc.
Lettre VI.
2. Ci-devant, p. 35.
3. *Discours sur la nature des animaux,* t. II. p. 356.

« les *antennes*, organes du toucher, en sont, »
dit-il, « le principal instrument [1]. »

Je crains bien que le *langage antennal* de
Pierre Huber ne ressemble un peu trop au
Dictionnaire des Corbeaux de Dupont de
Nemours.

La vérité est que la nature, ou plutôt l'Être
suprême qui agit en elle, n'a répandu les dons
supérieurs de l'intelligence que d'une main
avare. Elle n'a donné la *raison* qu'à l'homme.
Elle n'a donné l'*intelligence*, du moins un
certain degré d'*intelligence*, qu'aux animaux
les plus voisins de l'homme. Au contraire, elle
a prodigué l'*instinct*. Les *instincts* les plus
merveilleux se trouvent dans les plus petits
animaux, dans les *insectes*.

1. *Recherches sur les mœurs des fourmis indi-
gènes,* chap. vi, p. 176.

DU SYSTÈME DES BÊTES-MACHINES.

On a souvent dit que Descartes avait pris le système des *bêtes-machines* dans Pereira [1].

Le système des *bêtes-machines* tient à toute la philosophie de Descartes.

Descartes lisait très-peu : très-probablement il n'avait pas lu Pereira.

Ce qui, d'ailleurs, est tout à fait neuf dans Descartes, ce n'est pas le système; c'est le grand ordre d'idées d'où il a fait sortir le système.

1. Médecin espagnol qui écrivait vers le milieu du XVIᵉ siècle. Voyez son livre intitulé (du nom de son père et de sa mère) *Antoniana-Margarita*.

Je trouve des traces du système des *bêtes-machines* jusque chez les anciens. Plutarque le réfutait déjà, et à sa manière, c'est-à-dire avec autant de bon sens que d'esprit.

« Et quant à ceux, dit Plutarque, qui par-
« lent de cela si lourdement et si impertinem-
« ment que de dire que les animaux ne se
« réjouissent, ni ne se courroucent, ni ne
« craignent point; que l'arondelle ne fait
« point de provisions et que l'abeille n'a point
« de mémoire, mais qu'il semble seulement
« que l'arondelle use de prévoyance, que le
« lion semble se courroucer, et la biche trem-
« bler de peur, je ne sais pas ce qu'ils répon-
« droyent à ceux qui leur mettroyent en avant
« qu'il faudroit donc aussi dire qu'ils ne
« voyent et qu'ils n'oyent point, et qu'ils
« n'ont point de voix, mais seulement qu'il
« semble qu'ils voyent et qu'ils oyent et qu'ils
« ont voix, et brief qu'ils ne vivent pas, mais
« qu'il semble qu'ils vivent. Car dire l'un
« ne seroit pas plus contre toute manifeste
« évidence que l'autre[1]. »

1. *Quels animaux sont les plus avisés?*

Il y a sur le système des *bêtes-machines* un *Dialogue* de Fénelon, où je remarque plus d'une critique très-fine. Je parle du *Dialogue* intitulé : ARISTOTE et DESCARTES.

Descartes, voulant expliquer la *poursuite* du lièvre par le chien, suppose, dans le chien, des *ressorts* très-délicats, qui, *touchés par les corpuscules du lièvre, tirent le chien vers le lièvre.*

« Mais (répond Aristote), quand le chien
« est en défaut et que les corpuscules ne vien-
« nent plus lui frapper le nez, qu'est-ce qui
« fait que ce chien cherche de tous côtés jus-
« qu'à ce qu'il ait retrouvé la voie? »

On ne peut s'occuper des animaux, surtout de leur intelligence, de leurs habitudes, de leurs instincts, et oublier La Fontaine.

Qui ne connaît cette fable où le *bonhomme,* si grand philosophe, expose, avec tant d'esprit, le système des *bêtes-machines ?*

> ..... Ils disent donc [1]
> Que la bête est une machine;

[1]. *Discours à M*me *de La Sablière,* livre X, fable première, *les deux Rats, le Renard et l'Œuf.*

> Qu'en elle tout se fait sans choix et par ressorts :
> Nul sentiment, point d'âme, en elle tout est corps.
>   Telle est la montre qui chemine
> A pas toujours égaux, aveugle et sans dessein.
>   Ouvrez-la, lisez dans son sein :
> Mainte roue y tient lieu de tout l'esprit du monde;
>   La première y meut la seconde ;
> Une troisième suit : elle sonne à la fin.
> Au dire de ces gens, la bête est toute telle.
>
> · · · · · · · · · · · · ·
>
>   L'animal se sent agité
> De mouvements que le vulgaire appelle
> Tristesse, joie, amour, plaisir, douleur cruelle,
>   Ou quelque autre de ces états.
> Mais ce n'est point cela : ne vous y trompez pas.
> Qu'est-ce donc? Une montre.....

Il faudrait tout citer. Je ne cherche que ce qui peint Descartes.

> Voici, dis-je, comment raisonne cet auteur :
> Sur tous les animaux, enfants du Créateur,
> J'ai le don de penser; et je sais que je pense.
> Or, vous savez, Iris, de certaine science,
>   Que, quand la bête penserait,
>   La bête ne réfléchirait
>   Sur l'objet ni sur sa pensée.
> Descartes va plus loin, et soutient nettement
>   Qu'elle ne pense nullement.

C'est là ce que *soutient* Descartes, et ce que, comme on peut bien croire, La Fontaine n'adopte pas.

Qu'on m'aille soutenir.:...
Que les bêtes n'ont point d'esprit !
Pour moi, si j'en étais le maître,
Je leur en donnerais aussi bien qu'aux enfants.
Ceux-ci pensent-ils pas dès leurs plus jeunes ans?
Quelqu'un peut donc penser ne se pouvant connaître.

La Fontaine admire Descartes :

Descartes, ce mortel dont on eût fait un dieu
    Chez les païens.....

Et n'en voit pas moins les bornes du savoir de Descartes :

L'impression se fait : le moyen, je l'ignore;
On ne l'apprend qu'au sein de la Divinité;
Et, s'il faut en parler avec sincérité,
    Descartes l'ignorait encore.

FIN DE LA PREMIÈRE PARTIE.

———

DEUXIÈME PARTIE

ÉTUDES ZOOLOGIQUES.

ÉTUDES
ZOOLOGIQUES.

I

DOMESTICITÉ DES ANIMAUX.

Jusqu'à ces derniers temps, la *domesticité des animaux* n'avait guère occupé les naturalistes ; ils n'y voyaient qu'un effet de la puissance de l'homme sur les bêtes. C'était l'opinion ancienne, l'opinion commune ; et Buffon lui-même n'en a point eu d'autre. « L'homme, dit-il, change l'état naturel des « animaux, en les forçant à lui obéir, et les

« faisant servir à son usage [1]. » Tout, dans la *domesticité des animaux*, est donc artificiel ; tout tient donc à l'homme. Mais, s'il en est ainsi, pourquoi certaines espèces sont-elles devenues domestiques, et celles-là seules, au milieu de tant d'autres demeurées sauvages ?

La question n'est donc pas aussi simple qu'on l'avait cru. A côté des espèces devenues domestiques, il y a les espèces demeurées sauvages. La puissance de l'homme, cause générale. ne suffit donc pas pour expliquer la *domesticité des bêtes*, laquelle n'est, en effet, qu'un cas très-particulier : le fait est spécial, il a donc une cause propre, et c'est cette cause qu'il fallait chercher.

La *domesticité* des animaux naît de leur *sociabilité*.

Il n'est pas une seule espèce devenue *domestique* qui, naturellement, ne vive en *société*; et, de tant d'espèces *solitaires* que l'homme n'aurait pas eu moins d'intérêt sans

1. *Les animaux domestiques*, t. II, p. 367.

doute à s'associer, il n'en est pas une seule qui soit devenue *domestique*.

La *sociabilité* des animaux devient donc ainsi le premier fait ; et ce fait même demandait un examen nouveau. Buffon en avait à peine effleuré l'étude. Il distingue d'abord, et c'est une vue pleine de justesse, trois espèces de sociétés[1] : celles que forment les animaux inférieurs, comme les *abeilles;* celles que forment les animaux d'un ordre plus élevé, comme les *castors,* les *éléphants,* les *sin-ges,* etc ; et celles que forme l'espèce humaine. Mais il ne voit dans les premières

1. Aristote distinguait déjà les animaux qui vivent solitaires, ceux qui vivent par troupes, ceux qui vivent en société. « Par animaux qui vivent en société, j'en-
« tends, dit-il, ceux qui se réunissent pour un travail
« commun, ce que ne font pas tous ceux qui vivent
« en troupes, mais ce que font l'homme, l'abeille, la
« fourmi, etc. » *Histoire des animaux*, livre I, p. 9.
   « La brebis et les chèvres, dit-il encore, se couchent
« par familles, serrées l'une contre l'autre... Les vaches
« paissent aussi par compagnie. Elles s'habituent les
« unes aux autres, en sorte que si quelqu'une s'égare,
« les autres la suivent. » *Histoire des animaux*, livre IX,
p. 545.

qu'un *assemblage physique;* les secondes lui paraissent dépendre du *choix de ceux qui les composent;* les troisièmes ne dépendent que de la *raison.* » Cette réunion, » dit-il à propos de celles-ci, « est de l'homme l'ouvrage le « meilleur, et de sa raison l'usage le plus « sage[1]. » Ces trois espèces de sociétés ont pourtant une source commune; et toutes, jusqu'à celles que l'homme forme, ne sont, du moins dans leur origine, que l'effet d'un instinct primitif et déterminé.

Une force secrète et primordiale pousse invinciblement les hommes à se réunir. Cet instinct précède chez l'homme toute réflexion; il domine jusqu'aux peuples les plus sauvages; et l'idée que l'homme de la nature vit solitaire n'a jamais été qu'un paradoxe de philosophie, partout contredit par l'observation.

Cet instinct, qui gouverne le genre humain, est aussi la première cause des sociétés que forment certaines espèces parmi les ani-

1. *Discours sur la nature des animaux,* t. II, p. 359.

maux; et, pour ces espèces comme pour nous, il est primitif. Il ne dépend ni de l'intelligence, car la *brebis* stupide vit en société[1], et le *lion*, l'*ours*, le *renard*, etc., vivent solitaires; ni de l'habitude, car le long séjour des petits auprès des parents ne l'amène pas. L'*ours* soigne ses petits aussi longtemps et avec autant de tendresse que le *chien*, et cependant l'*ours* est au nombre des animaux les plus solitaires.

G. Leroy, cet observateur d'une si profonde sagacité et d'une si longue expérience, avait déjà fait, sur les sociétés des animaux, des remarques aussi fines que curieuses. Il voit le premier degré de ces sociétés dans l'union du *loup* et de la *louve* « qui partagent « ensemble les soins de la famille[2]. » Le *chevreuil* et sa femelle « ont, dit-il, un besoin de « s'aimer indépendant de tout autre[3]. »

---

1. Les insectes forment les sociétés les plus remarquables et les plus nombreuses.

2. *Lettres philosophiques sur l'intelligence et la perfectibilité des animaux*, p. 24.

3. *Ibidem*, p. 49.

Enfin, le *lapin* lui offre une société qui ne se borne plus à une seule famille, qui s'étend à plusieurs familles, ou plutôt « à tous les êtres « de l'espèce qui ont des rapports de voisi- « nage [1]. »

F. Cuvier va plus loin encore. Il tire la *domesticité* des animaux de leur *sociabilité*.

Nous venons de reconnaître trois états distincts : celui des espèces solitaires, les *chats*, les *martres*, les *ours*, les *hyènes*, etc. ; celui des espèces qui vivent en familles, les *loups*, les *chevreuils*, etc. ; et celui des espèces qui forment de véritables sociétés, les *castors*, les *éléphants*, les *singes*, les *chiens*, les *phoques*, etc.

C'est à l'étude de ces sociétés que s'attache F. Cuvier. Ici l'union subsiste, quoique les intérêts diffèrent. Des centaines d'individus de tout sexe et de tout âge se rapprochent, s'entendent, se subordonnent. « C'est alors, »

1, *Lettres philosophiques*, etc., p. 50,

dit F. Cuvier, « que l'instinct social se montre
« dans toute son étendue, avec toute son in-
« fluence, et qu'il peut être comparé à celui
« qui détermine les sociétés humaines. »
F. Cuvier suit les progrès de l'animal qui naît
au milieu de sa troupe, qui s'y développe,
qui, à chaque époque de sa vie, apprend de
tout ce qui l'entoure à mettre sa nouvelle
existence en harmonie avec les anciennes. Il
montre, dans la faiblesse des jeunes, le principe de leur obéissance pour les anciens qui
ont déjà la force, et dans l'habitude d'obéir
une fois prise par les jeunes, la raison pour
laquelle le pouvoir reste au plus âgé, quoiqu'il devienne à son tour le plus faible.
Toutes les fois que la société est sous la con-
duite d'un chef, ce chef est presque toujours
en effet le plus âgé de la troupe. Je dis
presque toujours, car l'ordre établi peut
être troublé par des passions violentes.
Alors l'autorité passe à un autre; et, après
avoir de nouveau commencé par la force,
elle se conserve ensuite, de même, par l'habitude.

13.

Il y a donc, dans la classe des mammifères, des espèces qui forment de véritables sociétés; et c'est de ces espèces seules que l'homme tire tous ses animaux domestiques.

Le *cheval*, devenu par la domesticité l'associé de l'homme, l'est naturellement de tous les animaux de son espèce. Les chevaux sauvages vont par troupes : ils ont un chef qui marche à leur tête, qu'ils suivent avec confiance, qui leur donne le signal de la fuite ou du combat. Ils se réunissent ainsi par instinct; et telle est la force de cet instinct, que le cheval domestique qui voit une troupe de chevaux sauvages, et qui la voit pour la première fois, abandonne souvent son maître pour aller se joindre à cette troupe, laquelle, de son côté, s'approche et l'appelle.

Le *mouton*, que nous avons élevé, nous suit; mais il suit également le troupeau au milieu duquel il est né. Il ne voit dans l'homme, pour me servir d'une expression ingénieuse de F. Cuvier, que le *chef de sa troupe*. Et ceci même est la base de la théorie nouvelle. L'homme n'est, pour les animaux domestiques, qu'un membre de la société; tout son art se réduit à se faire accepter par eux comme associé; car, une fois devenu leur associé, il devient bientôt leur chef, leur étant aussi supérieur qu'il l'est par l'intelligence. Il ne change donc pas *l'état naturel* de ces animaux, comme le dit Buffon; il profite, au contraire, de cet *état naturel*. En d'autres termes, il avait trouvé les animaux *sociables,* il les rend *domestiques;* et la *domesticité* n'est ainsi qu'un cas particulier, qu'une simple modification, qu'une conséquence déterminée de la *sociabilité*.

Tous nos animaux domestiques sont, de leur nature, des animaux sociables. Le *bœuf,* la *chèvre,* le *cochon,* le *chien,* le *lapin,* etc., vivent naturellement en société et par troupes. Le *chat* semble, au premier coup d'œil, faire une exception; car l'espèce du chat est solitaire, comme je l'ai déjà dit. Mais le *chat* est-il réellement domestique? Il vit auprès

de nous; mais s'associe-t-il à nous? Il reçoit
nos bienfaits, mais nous rend-il, en échange,
la soumission, la docilité, les services des espèces vraiment domestiques? Le temps, les
soins, l'habitude ne peuvent donc rien sans
une nature primitivement sociable; et,
comme on voit. l'exemple même du *chat* en
est la preuve la plus formelle.

Buffon reconnaît que, « quoique habitants
« de nos maisons, les chats ne sont pas en-
« tièrement domestiques, et que les mieux
« apprivoisés n'en sont pas plus asservis[1]. »

---

1. *Histoire du chat*, t. II, p. 499. Il distingue très-
bien ailleurs les *rassemblements* sauvages des loups
des véritables *sociétés* que forment les chiens. « Les
« chiens même les plus grossiers cherchent, dit-il, la
« compagnie des autres animaux ; ils sont naturellement
« portés à les suivre, à les accompagner, et c'est par in-
« stinct qu'ils savent conduire et garder nos troupeaux.
« Le loup est, au contraire, l'ennemi de toute société; il
« ne fait pas même compagnie à ceux de son espèce;
« lorsqu'on les voit plusieurs ensemble, ce n'est point
« une société de paix, c'est un attroupement de guerre,
« qui se fait à grand bruit, avec des hurlements affreux,
« et qui dénote un projet d'attaquer quelque gros ani-
« mal, comme un cerf, un bœuf, ou de se défaire de
« quelque redoutable mâtin. Dès que leur expédition

Et dans l'opposition de ces deux mots, *ap-privoisés* et *asservis,* il y a le germe d'une vérité importante. L'homme peut, en effet, apprivoiser jusqu'aux espèces les plus soli-taires et les plus féroces. Il apprivoise l'*ours,* le *lion,* le *tigre.* Les anciens, qui faisaient plus pour un vain luxe que nous ne faisons pour la science, ont vu des chars traînés par des *panthères.* On voit tous les jours des *ours* qui obéissent à leur maître, qui se plient à des exercices. Et cependant au-cune espèce solitaire, quelque facile qu'elle soit à apprivoiser, n'a jamais donné de race domestique.

C'est qu'une habitude n'est pas un instinct. C'est par habitude qu'un animal s'apprivoise, et c'est par instinct qu'il est sociable. Si l'on sépare une *vache,* une *chèvre,* une *brebis* de leur troupeau, ces animaux dépérissent; et ce dépérissement même est une nouvelle

« militaire est consommée, ils se séparent et retournent « en silence à leur solitude. » *Histoire du loup,* t. II, p. 574, preuve du besoin qu'ils ont de vivre en société.

F. Cuvier rapporte un fait qui montre bien toute la différence qu'il y a entre un animal qui n'a que l'*habitude* de la société, et un animal qui en a l'*instinct*. « Une *lionne* avait « perdu, dit-il, le *chien* avec lequel elle avait « été élevée, et pour offrir toujours le même « spectacle au public, on lui en donna un « autre qu'aussitôt elle adopta. Elle n'avait « pas paru souffrir de la perte de son compa- « gnon ; l'affection qu'elle avait pour lui était « très-faible ; elle le supportait, elle supporta « de même le second. Cette *lionne* mourut à « son tour ; alors le *chien* nous offrit un tout « autre spectacle : il refusa de quitter la loge « qu'il avait habitée avec elle ; sa tristesse « s'accrut de plus en plus ; le troisième jour, « il ne voulut plus manger, et il mourut le « septième. »

Plus on étudie la question, plus on voit donc la domesticité naître de la sociabilité. L'homme n'a, pour agir sur les animaux,

qu'un petit nombre de moyens. Or, il était
curieux de suivre comparativement les effets
de ces moyens sur les animaux *solitaires* et
sur les animaux *sociables;* et c'est ce qu'a
fait F. Cuvier.

La faim est le premier de ces moyens, et
l'un des plus puissants. C'est par la faim que
l'on soumet les jeunes chevaux élevés dans
l'indépendance. On ne leur donne que peu
d'aliments à la fois, et à de longs intervalles.
L'animal prend ainsi de l'affection pour celui
qui le soigne; et si l'on ajoute à propos
quelque nourriture choisie, cette affection
s'accroît beaucoup, et par suite l'autorité de
l'homme. « C'est, dit F. Cuvier, au moyen de
« certaines friandises, surtout du sucre, qu'on
« parvient à maîtriser les animaux herbi-
« vores, et à les soumettre à ces exercices
« dont nos cirques nous rendent quelquefois
« les témoins. »

La veille forcée est un moyen plus puissant encore que la faim. Nul autre n'abat
plus l'énergie de l'animal, et par conséquent
ne le dispose plus sûrement à l'obéissance. On

obtient cette veille forcée par la faim même
poussée très-loin, par des coups de fouet, par
un bruit retentissant, tel que celui du tam-
bour ou de la trompette, etc.

Par la faim, par la veille forcée, l'homme
excite les besoins de l'animal; mais il ne les
excite que pour les satisfaire. Ce n'est, en
effet, que là où le bienfait commence de notre
part, que commence réellement notre empire.
Aussi l'homme ne se borne-t-il pas à satisfaire les besoins naturels, il fait naître des
besoins nouveaux. Par l'emploi d'une nourriture choisie, il fait naître un plaisir, et
par suite un besoin nouveau. Un besoin plus
nouveau, plus artificiel encore, est celui des
caresses. Le cheval, l'éléphant, etc., reçoivent nos caresses comme un bienfait; le chat
met quelquefois de la passion à les rechercher.
C'est sur le chien qu'elles agissent avec le
plus de force; et, ce qui mérite attention,
c'est que toutes les espèces du genre chien
y sont également sensibles.

« La ménagerie du Muséum, » dit F. Cu-

vier, « a possédé une louve sur laquelle les
« caresses de la main et de la voix produi-
« saient un effet si puissant qu'elle semblait,
« toutes les fois qu'on la caressait, éprouver
« un véritable délire, et sa joie ne s'exprimait
« pas avec moins de vivacité par ses cris que
« par ses mouvements. Un chacal du Sénégal
« était dans le même cas, et un renard com-
« mun en était si fort ému qu'on fut obligé
« de s'abstenir à son égard de tout témoi-
« gnage de ce genre... »

L'homme n'arrive donc à soumettre l'animal que par adresse, par séduction. Il excite
les besoins de l'animal, pour se donner, si
l'on peut ainsi dire, le mérite de les satisfaire;
il fait naître des besoins nouveaux; il se rend
peu à peu nécessaire par ses bienfaits; et
quand il en est venu là, il emploie la con-
trainte et les châtiments : mais il ne les
emploie qu'alors, car s'il eût commencé par
les châtiments, il n'aurait pas amené la
confiance; et il ne les emploie qu'avec mesure, car les deux effets les plus sûrs de
toute violence sont la révolte et la haine.

13

« L'homme, dit F. Cuvier, n'a autre chose
« à soumettre dans l'animal, que la volonté.»
Et, comme on vient de le voir, l'homme
n'agit sur la volonté que par les besoins : il
excite ces besoins; il en fait naître de nouveaux; il supprime enfin la source de quelques-uns par la castration. Le taureau, le
bélier par exemple, ne se soumettent complétement qu'après leur mutilation.

Tels sont les moyens employés par l'homme.
Or, ces moyens qui, appliqués à un animal
sociable, en font un animal *domestique*, ne
font qu'un animal *apprivoisé* d'un animal *solitaire*; la véritable et primitive source de la
domesticité n'est donc, encore une fois, que
dans l'*instinct sociable*.

Nous avons déjà rendu plusieurs animaux
domestiques; mais, sans aucun doute, beaucoup d'autres pourraient le devenir encore.
Sans parler des *singes*, que la violence, que
la mobilité, que la pétulance de leur caractère
rendent incapables de toute soumission, et

qu'il faut par conséquent exclure, malgré
leur intelligence et leur instinct sociable; ni
des *didelphes*, des *édentés*, des *rongeurs*, dont
l'intelligence est trop bornée pour que l'homme
pût en tirer de grands avantages, presque
tous les *pachydermes* qui ne sont pas encore
domestiques pourraient le devenir, nommément le *tapir :* plus grand, plus docile que le
sanglier, il nous donnerait des races domestiques supérieures peut-être à celle du *co-*
chon. Les peuples pêcheurs pourraient dresser
le *phoque* à la pêche; nous-mêmes nous de-
vrions ne pas négliger l'éducation du *zèbre*,
du *couagga,* du *daw,* de l'*hémione,* ces belles
espèces de solipèdes, de l'*alpaca,* de la *vigo-*
gne, ces espèces des ruminants à poil si riche
et beaucoup plus fin que la laine.

La *sociabilité,* qui donne la *domesticité,*
marque donc, parmi les espèces sauvages,
celles qui pourraient devenir encore domestiques. Mais l'*instinct sociable,* s'il agissait seul,
ne donnerait que l'*individu domestique;* un
second fait vient le renforcer, et donne la
race. Ce second fait est la *transmission* des

modifications acquises par une première génération aux générations qui la suivent :
fait d'un ordre très-général, et dont je par-
lerai tout à l'heure.

Ainsi l'*instinct sociable,* pris isolément,
donne l'*individu domestique;* et, renforcé par
la *transmission des modifications acquises,* il
donne la *race.*

II

DE LA PARENTÉ DES ESPÈCES.

J'ai posé ailleurs les caractères précis de l'*espèce* et du *genre*[1].

Le caractère de l'espèce est la *fécondité continue;* le caractère du genre est la *fécondité bornée*.

Ce n'est point ici le lieu de revenir sur ces grandes questions. Je ne rappelle que mon idée principale : tous les individus d'une même *espèce* peuvent s'unir, et leur union est d'une *fécondité continue;* toutes les es-

1. Voyez mon livre intitulé : *Ontologie naturelle ou étude philosophique des êtres,* p. 10.

pèces d'un même *genre* peuvent s'unir aussi, mais leur union n'est que d'une *fécondité bornée*.

Le *métis* de l'âne et du cheval est infécond dès la première ou dès la seconde génération; le *métis* du chien et du loup est infécond dès la seconde ou dès la troisième génération, etc. La fécondité de chaque espèce, prise en soi, est éternelle.

La fécondité des *races* l'est donc aussi, car la *race* n'est qu'une *variété*, qu'une *modification de l'espèce*. Toutes nos *races* de chevaux sont fécondes entre elles, et d'une *fécondité continue*. Il faut en dire autant de toutes nos *races* de chiens, de béliers, de taureaux, de boucs, etc. Toutes les *races* d'hommes sont fécondes entre elles, d'une *fécondité continue*: fait qui prouve l'*unité de l'espèce humaine*, l'*unité physique* de l'homme.

Il y a donc des *métis* de deux sortes : les *métis d'espèce* et les *métis de race* : les *métis d'espèce*, dont la *fécondité* est *bornée*, et les *métis de race*, dont la *fécondité* est *continue*.

Je ne parle, en ce moment, que des *métis d'espèce*.

L'union croisée du loup et du chien, de l'âne et du cheval, du lion et du tigre, du bouc et de la brebis, du bélier et de la chèvre, etc., donne des *métis à fécondité bornée*.

Le loup et le chien, l'âne et le cheval, le lion et le tigre, le bouc et le bélier, etc., sont donc du *même genre*.

Le chien et le renard, au contraire, sont de *genres différents,* car ils ne s'unissent point, car ils ne produisent point ensemble.

Buffon avait déjà constaté que le renard ne s'accouple point avec la chienne[1]. Mes expériences confirment celles de Buffon. Jamais le renard n'a voulu s'accoupler avec la chienne, ni le chien avec la renarde. Je suis même convaincu que leur accouplement, s'il a jamais lieu, sera sans effet.

Des animaux qui diffèrent par quelque caractère marqué, soit dans les dents, soit

1. Tome II, p. 488 et p. 582.

dans les organes des sens[1], ne sont plus de même *genre*.

Le chien a la pupille en forme de disque, le renard a la pupille allongée[2]; le chien est diurne, le renard voit mieux la nuit que le jour. Avec une telle différence, et relative à un tel organe, il ne peut y avoir *unité de genre*.

Le chien, le loup, le chacal, ont toute leur structure semblable; la forme de leur pupille est la même. Aussi le loup et la chienne, le chien et la louve, produisent-ils ensemble.

Buffon avait déjà vu des *métis* de chien et de loup[3]; et, depuis longtemps, notre ménagerie en a constamment.

Le chien et le chacal produisent aussi, quand on les unit ensemble. D'après ce que je viens de dire, on devait s'y attendre; cependant les faits certains de cette *production*

1. Les *dents* et les *organes des sens* sont des organes très-importants : la forme des *dents* implique le régime de l'animal; les *organes des sens* sont les instruments de l'intelligence.

2. Quand la pupille du *renard* se ferme, elle forme une fente verticale, comme dans les chats.

3. Tome IV, p. 214.

croisée manquaient encore[1] avant mes expériences.

L'accouplement d'un chacal avec une chienne m'a donné, en 1845, trois petits. L'un d'eux avait le pelage gris fauve du père ; le pelage des deux autres était un peu plus noir ; la mère était noire.

Ces trois *métis* (disais-je alors), élevés au milieu de petits chiens de leur âge, en diffèrent par des allures brusques, farouches : ce sont trois sauvages au milieu d'un peuple civilisé.

D'un autre côté, leur première dentition marche beaucoup plus vite que celle des petits chiens.

Mais, ce qui les distingue surtout de ces petits chiens, c'est qu'ils ont les deux poils de tout animal sauvage, le poil soyeux et le poil laineux, tandis que les petits chiens n'ont qu'un poil, le poil soyeux[2].

1. Pallas avoue n'avoir pu réussir à provoquer l'union féconde du *chacal* et du *chien*. (*Mémoire sur la variation des animaux.* — Mémoires de l'Académie de Saint-Pétersbourg, année 1784, p. 92).

2. Voyez, sur les *deux poils* des animaux sauvages,

Depuis 1845, les faits de ce genre se sont beaucoup multipliés sous mes yeux.

J'ai obtenu des *métis* de la *chacale* avec le *chien*, comme de la *chienne* avec le *chacal*.

Quant aux trois *métis* dont je viens de parler, tous les trois, deux mâles et une femelle, ont vécu. L'union de l'un des deux mâles et de la femelle m'a donné une *seconde* génération de *métis*, laquelle m'en a donné une *troisième*. La *troisième* m'en a donné une *quatrième*. Celle-ci m'en donnera-t-elle une *cinquième*? Je continue l'expérience.

Le grand naturaliste Pallas s'était fait, touchant l'origine de nos animaux domestiques, une théorie fort compliquée[1]. Il veut que cette origine soit artificielle. Nos animaux domestiques ne sont que des *métis*, produits par le croisement d'espèces diverses.

Le chien, par exemple, vient primitive-

---

et sur le *poil unique* de quelques-uns de nos animaux domestiques, ce que je dis plus loin, chapitre v, à l'occasion du *mouton*.

1. *Mémoire sur la variation des animaux*. (Mémoires de l'Académie de Saint-Pétersbourg, année 1784, p. 69.)

ment de l'union croisée du *chacal* avec le *loup*. Ce *métis* de *chacal* et de *loup* s'est croisé ensuite avec le *loup* même, et l'on a eu les *chiens de berger;* avec l'*hyène*, et l'on a eu les *dogues;* avec le *renard*, et l'on a eu les races de *chiens à museau pointu*, etc.

Je vais examiner chacune de ces assertions.

Je suis convaincu d'abord que le *loup* et le *chacal* peuvent s'unir et produire ensemble[1]; car ils sont du même genre[2]. Mais l'individu, né de cette union croisée, sera un *métis d'espèce*, c'est-à-dire un individu à fécondité bornée. Un *métis d'espèce*, c'est-à-dire un individu à fécondité bornée, ne peut avoir donné le *chien*, c'est-à-dire un animal à fécondité constante.

En second lieu, le *loup*, le *chacal* ne s'unissent point avec le *renard*[3], avec l'*hyène;* et

---

1. Je n'ai pu tenter encore des expériences qui, très-probablement, ne manqueront pas de le démontrer.

2. Voyez le principe posé, p. 157.

3. Sur la foi de divers auteurs, Pallas (*Mémoire sur la variation des animaux*, page 91) cite quelques faits de l'union prolifique du *chien* et du *renard :* pas un de ces faits ne m'a paru authentique.

je suis convaincu qu'ils s'uniraient en vain[1],
car ils ne sont pas du même genre[2].

Nous savons déjà que le *métis* du *chien* et
du *loup* est infécond dès la seconde ou dès la
troisième génération ; le *chien* ne vient donc
pas du *loup* ; le *loup* et le *chien* sont donc
deux espèces distinctes.

Nous savons que le *chien* ne produit ni
avec l'*hyène*, ni avec le *renard* ; le *chien* ne
vient donc ni du *renard*, ni de l'*hyène*.

Nous ne savons pas encore, il est vrai,
quelle sera la fécondité des *métis* de *chacal* et
de *chien*[3]. Mais, de deux choses l'une : ou
ils n'auront qu'une fécondité bornée, et alors
le *chien* et le *chacal* seront aussi deux espèces distinctes ; le *chien* ne viendra pas du
chacal ; ou ils auront une fécondité continue, et alors le *chacal* et le *chien* ne seront
qu'une seule espèce ; le *chien* sera le *chacal*

1. Je me suis assuré que le *renard* ne produit pas
avec le *chien*. Voyez, ci-devant, page 159. Je me suis
assuré aussi que le *chien* ne produit pas avec l'*hyène*,
dont il diffère beaucoup plus encore que du *renard*.

2. Voyez le principe posé, page 159.

3. Voyez, ci-devant, p. 162.

devenu domestique, le *chacal* sera le *chien* demeuré sauvage; nous aurons retrouvé la souche de nos *chiens*, comme nous avons celle de nos *cochons*, de nos *moutons*, de nos *lapins*, etc.

Ainsi donc, toujours *origine simple, pure;* jamais *origine mélée*. Tous nos *cochons* viennent du *sanglier* seul, et non du *sanglier* croisé avec quelque autre pachyderme; tous nos *lapins*, du *lapin sauvage* seul, et non de ce *lapin* croisé avec le *lièvre* [1], etc., etc.

Nos *animaux domestiques* ont donc une origine simple, pure, naturelle et non artificielle, en un mot, *une;* et c'est parce que leur origine est *une*, qu'ils ont une *fécondité continue*, une succession constante.

Tous nos *animaux domestiques* sont donc des *espèces simples;* et tout y reste *simple :* les *variétés*, les *races* ne sont, dans chaque

1. Le *lièvre* et le *lapin* sont deux espèces distinctes, et qui, dans mes expériences, n'ont jamais produit ensemble. S'ils viennent jamais à produire, leur produit sera un *métis d'espèce*, c'est-à-dire un individu à fécondité bornée.

espèce, que des modifications déterminées de cette espèce même.

Je dis *modifications déterminées*. En effet, les modifications qui donnent les *races* sont toujours superficielles, bornées; le fond de l'*espèce* n'est point altéré, ce fond subsiste; toutes les *races* d'une *espèce*, quelque variées, quelque nombreuses qu'elles soient, ne s'écartent jamais assez les unes des autres pour cesser d'être fécondes entre elles, et c'est là le grand fait : leur fécondité commune est la preuve la plus directe, la marque la plus sûre de la permanence de leur *unité première*.

Rien n'a plus d'intérêt, rien n'est, en soi, d'une étude plus philosophique, plus haute, que ce qui touche au *grand mystère* de la parenté des espèces.

« En général, dit Buffon. la parenté d'es-
« pèce est un de ces mystères profonds de la
« nature que l'homme ne pourra sonder qu'à
« force d'expériences aussi réitérées que lon-
« gues et difficiles. Comment pourra-t-on
« connaître, autrement que par les résultats

« de l'union mille et mille fois tentée des ani-
« maux d'espèce différente, leur degré de pa-
« renté? L'âne est-il parent plus proche du
« cheval que du zèbre? le loup est-il plus
« près du chien que le renard ou le chacal[1]? »

Mes expériences répondent à cette dernière question : 1° le loup et le chacal sont
plus près du chien que le renard, car le loup
et le chacal produisent avec le chien, et le
renard et le chien ne produisent point ensemble; 2° le chacal est plus près du chien
que le loup puisque la fécondité des *métis* de
chacal et de chien a plus de durée que celle
des métis de chien et de loup.

Buffon continue : « L'union des animaux
« d'espèces différentes, par laquelle seule on
« peut reconnaître leur parenté, n'a pas été
« assez tentée. Les faits que nous avons pu re-
« cueillir au sujet de cette union, volontaire
« ou forcée, se réduisent à si peu de chose
« que nous ne sommes pas en état de pronon-
« cer sur l'existence réelle des *jumarts*[2]. »

1. Tome IV, p. 210.
2. Tome IV, p. 211.

Buffon a grande raison : l'union croisée des espèces *n'a pas été assez tentée,* et là-dessus *nos faits se réduisent à peu de chose.* On peut bien assurer pourtant qu'il n'existe point de *jumarts,* c'est-à-dire de *produits croisés* du taureau et de la jument, du cheval et de la vache.

Je le disais tout à l'heure : les espèces seules du *même genre* produisent. Le renard et le chien de genres si voisins, mais de *genres différents,* ne produisent pas. A plus forte raison, des animaux d'*ordres différents* ne peuvent-ils produire ; le taureau ne produit point avec la jument, le cheval ne produit pas avec la vache.

Je reviens à Buffon : « Quels rapports, « dit-il, pouvons-nous établir entre la parenté « des espèces et une autre parenté mieux con- « nue, qui est celle des différentes races dans « la même espèce ?... Il y a peut-être dans « l'espèce du chien telle race si rare qu'elle « est plus difficile à procréer que l'espèce « mixte provenant de l'âne et de la jument[1]. »

1. Tome IV, p. 240.

Il peut y avoir telle race *plus difficile à pro-*
créer, que tel produit d'espèces croisées ;
mais la *race,* une fois produite, a toujours
une *fécondité continue,* le produit croisé
d'espèces diverses n'a jamais, au contraire,
qu'une *fécondité bornée :* là, entre la *parenté*
des races et la *parenté* des espèces, est le fait
tranché, le *rapport* demandé par Buffon, la
limite vraie.

Je ne puis finir cet article sans citer encore,
de Buffon, ces belles paroles : « Combien
« d'autres questions, dit-il, combien d'autres
« questions à faire sur cette seule matière,
« et qu'il y en a peu que nous puissions ré-
« soudre ! Que de faits nous seraient néces-
« saires pour pouvoir prononcer et même
« conjecturer ! Que d'expériences à tenter
« pour découvrir ces faits, les reconnaître
« ou même les prévenir par des conjectures
« fondées ! » — « Cependant, » ajoute-t-il
bientôt avec un entraînement plein d'élo-
quence, « loin de se décourager, le philoso-
« phe doit applaudir à la nature, lors même

14.

« qu'elle lui paraît avare ou trop mystérieuse,
« et se féliciter de ce que, à mesure qu'il lève
« une partie de son voile, elle lui laisse en-
« trevoir une immensité d'autres objets très-
« dignes de ses recherches. Car ce que nous
« connaissons déjà doit nous faire juger de
« ce que nous pourrons connaître ; l'esprit
« humain n'a point de bornes, il s'étend à
« mesure que l'univers se déploie ; l'homme
« peut donc et doit tout tenter, il ne lui faut
« que du temps pour tout savoir. Il pourrait
« même, en multipliant ses observations, voir
« et prévoir tous les phénomènes, tous les
« événements de la nature, avec autant de
« vérité et de certitude que s'il les déduisait
« immédiatement des causes ; et quel en-
« thousiasme plus pardonnable ou même plus
« noble que celui de croire l'homme capable
« de reconnaître toutes les puissances, et de
« découvrir par ses travaux tous les secrets
« de la nature [1] ! »

1. Tome IV. p. 210.

III

DE L'HÉRÉDITÉ

DES MODIFICATIONS ACQUISES

ET DES RACES.

La question de l'*hérédité des modifications acquises* est une des plus importantes de la physiologie générale.

Il n'est aucune de nos races domestiques qui n'ait ses qualités distinctes, qui ne les transmette par la génération, qui ne les doive à des circonstances fortuites. Je dis à des *circonstances fortuites,* car on peut les lui conserver, les lui faire acquérir, les lui faire perdre. Il y a un art de conserver la pureté des races, de les modifier, de les altérer, de produire des races nouvelles.

« Le maintien des variétés, dit Buffon, et
« même leur multiplication, dépend de la
« main de l'homme; il faut recueillir de celle
« de la nature les individus qui se ressemblent
« le plus, les séparer des autres, les unir en-
« semble, prendre les mêmes soins pour les
« variétés qui se trouvent dans les nombreux
« produits de leurs descendants, et, par ces
« attentions suivies, on peut avec le temps
« créer à nos yeux, c'est-à-dire amener à
« la lumière une infinité d'êtres nouveaux
« que la nature seule n'aurait jamais pro-
« duits [1]... »

F. Cuvier s'était beaucoup occupé des *races*. « On est toujours sûr, dit-il, de former
« des races, lorsqu'on prend soin d'accoupler
« constamment des individus pourvus des
« particularités d'organisation dont on veut
« faire les caractères de ces races. Ces carac-
« tères, produits d'abord accidentellement, se
« seront si fortement enracinés, après quel-
« ques générations, qu'ils ne pourront plus

1. Tome V, p. 491.

« être que difficilement détruits; et les quali-
« tés qui tiennent à l'intelligence s'affermis-
« sent comme les qualités physiques. C'est
« ainsi que les chiens se sont formés pour la
« chasse par une éducation dont les effets se
« propagent... »

On sent tout l'intérêt que prend l'étude
des *variétés*, des *races*, considérée de ce point
de vue. Les causes qui ont produit les *espèces* ont cessé d'agir; les causes qui produisent
les *variétés* sont dans nos mains, et l'on peut
aisément juger de toute la puissance de ces
dernières causes par leurs effets. Aucun *genre*
naturel de nos catalogues ne montre des différences aussi fortes que celles de nos animaux domestiques de même *espèce*. Le lion
et le tigre ne diffèrent pas plus l'un de l'autre
que le chat d'Espagne ne diffère du chat d'Angora; le loup et le chacal se ressemblent plus
que le chien dogue et le chien lévrier. Or, ces
différences, plus grandes que celles qui, dans
l'état sauvage, séparent une espèce de l'autre,
ce sont des circonstances fortuites, c'est la

domesticité, c'est l'homme, qui les produisent.

Et il ne faut pas croire, quoiqu'on le répète sans cesse, que les animaux dégénèrent en devenant domestiques. L'action de la domesticité tend, au contraire, à développer : elle accroît la taille de presque tous les animaux que l'on soumet à son influence, le volume de la queue dans certains moutons, le nombre des cornes dans quelques autres, le poil du chat angora, etc.

Tous ces développements, une fois *acquis*, se transmettent par la génération.

C'est même à cette *transmissibilité* des *modifications acquises*, et à cette *transmissibilité* seule, que nous devons toutes nos *races*.

Nous avons vu le caractère du *genre* dans la *fécondité bornée*; celui de l'espèce dans la *fécondité continue*; la *sociabilité* des animaux nous a donné leur *domesticité*; l'*hérédité*, la *transmissibilité* des modifications acquises nous donne les *races*. « Les races dans « chaque espèce, dit Buffon, ne sont que

« des variétés constantes, qui se perpétuent
« par la génération [1]. »

Je vois aux *races* trois sources distinctes.

Il y a les *races* dues aux *accidents*, et, si
je puis ainsi dire, aux *hasards* [2] de l'*organisation;* les *races* dues aux *climats;* et les
races dues au *croisement* des diverses *races*
entre elles.

Je commence par ce qui regarde les races
dues aux *accidents,* aux *hasards* [3] de l'*organisation.*

Que, dans une même portée, se trouvent,
entre plusieurs autres, deux ou trois petits

1. T. IX, p. 593.

2. « De deux individus singuliers, dit Buffon, que la
« nature aura produits comme par *hasard,* l'homme en
« fera une race constante et perpétuelle, et de laquelle
« il tirera plusieurs autres races qui, sans ses soins,
« n'auraient jamais vu le jour. » (Tome V, p. 492.)

3. Et ces *accidents,* ces *hasards* vont quelquefois
bien loin.

F. Cuvier, comparant les unes aux autres les diverses
races de *chiens,* a trouvé des races à une dent de plus,
soit à l'une, soit à l'autre mâchoire, et jusqu'à des races
à un doigt de plus, soit au pied de devant, soit à celui
de derrière.

chiens à oreilles plus longues, ou à queue plus courte, et qu'on unisse ensemble, pendant quelques générations successives, les individus à oreilles longues ou ceux à queue courte, et l'on aura des races de *chiens* à oreilles longues, ou des races de *chiens* à queue courte.

Ce n'est pas autrement que nous faisons toutes nos races d'animaux domestiques.

Nous faisons nos races de *grands chevaux,* en unissant ensemble les individus les plus grands.

Nous faisons nos races de *petits chiens,* en unissant ensemble les individus les plus petits.

Nous obtenons ainsi ces petits chiens de nos appartements, ces épagneuls, ces doguins, etc., qui, dit G. Cuvier, « sont les produits « les plus dégénérés, et les marques les plus « fortes de la puissance que l'homme exerce « sur la nature [1]. »

En choisissant, parmi nos béliers et nos

1. *Règne animal,* t. I, p. 150 (seconde édition).

brebis, les individus à laine plus longue et
plus fine, Daubenton était parvenu à tirer,
de nos *races françaises*, la belle *race d'Espagne* à longue laine, le *mérinos*[1].

Après ces races, dues aux *accidents organiques*, perpétués et accrus par la génération,
je mets les races dues aux *climats*.

  « Dans tous les animaux, dit Buffon, cha-
« que espèce est variée suivant les différents
« climats, et les résultats généraux de ces va-
« riétés forment et constituent les différentes
« races dont nous ne pouvons saisir que celles
« qui sont les plus marquées, c'est-à-dire
« celles qui diffèrent sensiblement les unes
« des autres, en négligeant toutes les nuances
« intermédiaires qui sont ici, comme en tout,
« infinies[2]... »

Viennent enfin les races *nouvelles*, dues au
croisement de diverses races.

1. Voyez, sur cette expérience de Daubenton, mon
livre intitulé : *Ontologie naturelle ou étude philosophique des êtres*, p. 46.
2. *Histoire du cheval*, t. II, p. 397.

Toutes nos races de chevaux, de chiens, de béliers, etc., peuvent s'unir ensemble, et donner des races *nouvelles*, intermédiaires aux deux races croisées.

L'union du cheval arabe avec nos juments donne des races nouvelles, intermédiaires à la race *arabe* et à celle de nos *climats*.

L'union du bélier de Barbarie à grosse queue avec nos brebis donne une race intermédiaire, et dont la queue tient le milieu, pour le volume, entre la queue du bélier de Barbarie et la queue de nos béliers ordinaires.

En unissant ensemble les *pigeons* qui nous paraissent les plus beaux, nous multiplions, chaque jour, nos belles races de pigeons, etc., etc.

Et ceci est le caractère profond qui distingue le *croisement* des *races* de celui des *espèces*.

Le croisement des *races* donne toujours des *races nouvelles*.

Le *croisement* des *espèces* ne donne jamais des *espèces nouvelles*.

Le cheval et l'âne, le bouc et le bélier, etc.,

s'unissent depuis des siècles, et donnent des *métis*, mais des *métis* inféconds[1] : ils n'ont point donné de race *intermédiaire*, de *race nouvelle*.

Toute *modification* organique, *spontanée*, *naturelle*, est *transmissible* par génération, et peut être source de race. Je dis *naturelle*, car les modifications *artificielles*, les *mutilations* ne se transmettent pas.

On a beau couper les oreilles des chiens ou la queue des chevaux ; les petits chevaux et les petits chiens naissent toujours avec des oreilles ou avec une queue.

J'ai fait, bien des fois, accoupler ensemble des chiens *dératés*, des chiens à qui l'on avait ôté la *rate*. Les petits sont toujours venus au monde avec une *rate*.

F. Cuvier rapporte le cas d'une *louve* de

---

1. Un peu plus tôt ou un peu plus tard : le *métis* de cheval et d'âne est infécond dès la première ou dès la seconde génération ; le *métis* de bouc et de bélier l'est dès la troisième, etc. (Voyez, ci-devant, p. 158.)

notre ménagerie qui fut accouplée avec un chien braque dont on avait coupé la queue : la *louve* produisit deux *métis à très-courte queue*, d'où F. Cuvier conclut que les mutilations se transmettent.

Le fait n'est pas décisif. Souvent des petits à très-courte queue naissent de parents à queue longue.

G. Leroy dit, des *lapins*, qu'ils perdent, après un certain nombre de générations passées en domesticité, la faculté de se creuser des terriers[1].

J'ai fait mettre en liberté, dans un parc, des *lapins*, nés de parents qui, pendant plusieurs générations, avaient vécu dans des conditions à ne pouvoir fouir. Ils ont aussitôt creusé des terriers.

Mais ce qui, d'après cette expérience, ne serait pas vrai du *lapin*, l'est du *chien*, animal devenu bien plus complétement domestique.

Dans l'état naturel, le *chien* se creuse des

1. *Lettres philosophiques,* etc., p. 231.

terriers, comme le *chacal,* comme le *renard,*
comme le *lapin,* etc. Dans l'état de domesticité, c'est à peine si l'on voit quelquefois un
chien gratter légèrement la terre pour y en-
fouir les restes de son repas [1].

Et, de même que les *instincts* s'affaiblissent
ou se perdent par une suite de générations
inactives, ils se développent et se renforcent
par une suite de générations actives [2].

Les petits, nés de chiens très-exercés à la
chasse, n'ont pas besoin d'éducation pour
chasser : ils *chassent de race;* et G. Leroy dit
que « les jeunes renards, en sortant du ter-
« rier pour la première fois, sont plus précau-
« tionnés dans les lieux où on leur fait beau-
« coup la guerre que les vieux ne le sont
« dans ceux où on ne leur tend point de
« piéges [3]. »

1. Voyez, ci-devant, p. 108.
2. « Il est certain, dit G. Leroy, que l'organisation
« transmet dans tous les animaux, et même dans
« l'homme, une sorte d'aptitude et d'inclination à faire
« certaines choses... » *Lettres philosophiques,* etc.,
p. 107.
3. *Lettres philosophiques,* p. 86.

I V

DU NATUREL DES ANIMAUX.

« La nature, dit Bonnet. a donné à chaque
« animal un caractère qui lui est propre [1]. »

« Ce caractère. dit-il encore, est au *psy-*
« *chique* ce que la différence générique ou
« spécifique est au *physique* [2]. »

Ce que Bonnet appelle ici le *caractère* de
l'animal est ce que Buffon appelle le *naturel*.

« Le renard. dit Buffon, diffère du chien
« par le caractère le plus essentiel, par le
« *naturel* [3]. »

1. *Œuvres de Bonnet*, t. IV, partie II, p. 217.
2. *Ibidem*.
3. *Histoire du renard*, t. II. p. 382.

Ce *caractère*, ces *qualités psychiques* de
Bonnet, ce *naturel* de Buffon sont les seuls
traits distinctifs des espèces dans plus d'un
cas.

A ne consulter que l'organisation, le *loup*
serait un *chien*; et cependant la destination
de ces deux animaux est loin d'être la même :
l'un vit dans les forêts, l'autre vit près de
l'homme; l'un vit à peu près solitaire, l'autre
est essentiellement sociable; l'un est resté
sauvage, et l'autre est devenu domestique.
Rien ne ressemble donc plus au loup que le
chien par les formes et par les organes, et
rien n'en diffère plus par les penchants, par
les mœurs, par l'intelligence. Le lièvre et le
lapin se confondent presque à la vue, et cependant le lièvre prend son gîte à la surface
du sol, et le lapin se creuse un terrier; notre
écureuil se construit un nid au sommet des
arbres, et l'écureuil d'Hudson cherche un abri
dans la terre entre les racines des pins dont
les fruits le nourrissent, etc.

Ainsi donc, à ne considérer même les choses
que sous le point de vue de la distinction po-

sitive des espèces, l'étude des qualités intellectuelles n'importe guère moins que l'étude des qualités organiques; et la raison en est simple : c'est par ses qualités intellectuelles que l'animal agit, c'est des actions que dépend le genre de vie, et, par conséquent, la conservation des espèces ne repose pas moins, au fond, sur les *qualités intellectuelles* des animaux que sur leurs *qualités organiques*.

Les deux hommes qui ont le mieux réussi à peindre le *naturel* des animaux sont Aristote et Buffon.

Georges Leroy et F. Cuvier, pour les mammifères, Réaumur, Bonnet, De Geer, les deux Huber, pour les insectes, ont admirablement observé et décrit les mœurs des animaux; mais ils n'ont que décrit, ils n'ont pas su peindre.

J'ai déjà cité d'Aristote quelques passages singulièrement remarquables [1].

C'est dans la peinture du moral des animaux que Buffon excelle.

1. Voyez, ci-devant, p. 66 et suivantes.

Ici c'est le renard : « Fameux par ses ru-
« ses,... fin autant que circonspect, ingénieux
« et prudent même jusqu'à la patience[1]... »

Là c'est le chat : « Avec sa malice innée,
« son caractère faux, son naturel pervers que
« l'âge augmente encore, et que l'éducation
« ne fait que masquer... Le chat ne paraît
« sentir que pour soi, ne se prêter au com-
« merce que pour en abuser, et, par cette
« convenance de naturel, il est moins incom-
« patible avec l'homme qu'avec le chien dans
« lequel tout est sincère[2]... »

Buffon se plaît à retracer, dans les animaux,
toutes les nuances des passions des hommes,
par où il nous intéresse bien plus encore aux
animaux eux-mêmes, mais par où aussi il
introduit quelque chose d'artificiel dans ses
admirables peintures.

L'observation nue donne le fait tel qu'il est,
et pose les seules bases solides de la science.

On sait tout ce que Buffon a dit de la ma-

---

1. *Histoire du renard*, t. II, p. 580.
2. *Histoire du chat*, t. II, p. 497.

gnanimité du *lion*, de sa fierté, de son courage, et de la violence du *tigre*, de son insa-
tiable cruauté, de sa férocité aveugle. F. Cuvier
a toujours vu dans ces deux animaux le même
caractère : tous deux également susceptibles
d'affection, de reconnaissance, et tous deux
également terribles dans leur fureur.

On suppose communément aux animaux
carnassiers un caractère moins affectueux,
moins traitable, qu'aux animaux herbivores.
L'observation montre que tous les *ruminants*
adultes, surtout les mâles, sont des animaux
grossiers, farouches, qu'aucun bienfait ne
captive, reconnaissant à peine celui qui les
nourrit, ne s'attachant point à lui, et toujours
prêts à le frapper, dès qu'il cesse de les inti-
mider.

Le *tigre*, le *lion*, l'*hyène*, etc., sont, au
contraire, sensibles aux bienfaits ; ils recon-
naissent celui qui les soigne ; ils s'attachent à
lui d'une affection sûre. « Cent fois, » dit
F. Cuvier, « l'apparente douceur d'un herbi-
« vore a été suivie d'un acte de brutalité ;

« presque jamais les signes extérieurs d'un
« animal carnassier n'ont été trompeurs : s'il
« est disposé à nuire, tout dans son regard et
« dans son geste l'annonce ; et il en est de
« même si c'est un bon sentiment qui l'a-
« nime. »

Les animaux herbivores (du moins certains
d'entre eux, surtout les *ruminants*), quand ils
ont la force, sont donc, au fond, d'une nature
plus intraitable que les carnivores ; c'est que
leur intelligence est beaucoup plus grossière,
beaucoup plus bornée, et que, pour agir sur
les *qualités intérieures* de l'animal, nous
n'avons qu'un moyen : son intelligence.

Plutarque, dans un de ces moments, il est
vrai, où il exalte un peu les bêtes aux dépens
des hommes[1], prétend qu'une bête ne s'as-
servit jamais à une autre.

« Ny ne vit-on jamais, dit-il, que un lion
« s'asservist à un autre lion, ny un cheval à
« un autre cheval à faute de cœur, comme
« fait un homme à un autre homme, con-

1. Voyez, ci-devant, p. 74.

« sentant facilement de vivre en servitude,
« proche parente de couardise[1]. »

Aristote assure pourtant le contraire : « Les
éléphants, dit-il, se livrent entre eux de
« violents combats;... et celui qui succombe
« est rudement traité en esclave[2]... »

On avait mis dans une même fosse, au
Jardin des Plantes, trois ours, un vieux et
deux jeunes. Le vieux fut d'abord le plus
fort, et maltraita beaucoup les deux autres.
Les deux jeunes prirent plus tard leur revan-
che. Devenus les plus forts, et s'entendant
toujours, ils furent les maîtres à leur tour, et
des maîtres bien rudes. Le vieux ours s'as-
servit au point qu'il n'osait ni quitter le petit
espace de terrain qui semblait lui être assigné,
ni toucher à rien de ce qu'on jetait dans la
fosse.

L'asservissement d'une bête n'est pas, sans
doute, ce que nous entendons par l'esclavage
raisonné de l'homme; mais les animaux se
soumettent les uns aux autres par timidité,

1. *Que les bestes usent de la raison.*
2. *Histoire des animaux,* livre IX, p. 541.

par faiblesse, par peur; leur *naturel* ploie : comme le dit Aristote, « le vaincu ne peut « supporter la voix du vainqueur[1]; » et, sous ce rapport si triste, la condition des bêtes n'est pas meilleure que celle de l'homme.

Le *naturel* des animaux ne se manifeste jamais plus complétement que dans les efforts qu'ils font pour conserver leurs petits, ou pour leur apprendre à se conserver eux-mêmes, pour les *instruire*.

« La louve, dit G. Leroy, apprend à ses « petits à attaquer les animaux qu'ils doivent « dévorer[2]. »

Qui n'a vu la chatte exercer ses petits à la chasse des souris? Elle commence par étourdir, d'un coup de dent, une souris : la souris, quoique blessée, court encore, et les petits après elle. La chatte est toujours attentive; et, si la souris menace de s'échapper, la chatte s'élance d'un bond sur elle.

« L'aigle, dit Daubenton, porte son petit

1. *Histoire des animaux*, livre ix, p. 541.
2. *Lettres philosophiques*, etc., p. 233.

« sur ses ailes, et lorsqu'il est assez fort pour
« se soutenir, il l'éprouve en l'abandonnant
« en l'air, mais il le soutient à l'instant que
« les forces lui manquent[1]. »

« A l'époque où les petits des faucons et des
« éperviers commencent à voler, j'ai vu plu-
« sieurs fois par jour, » dit M. Dureau de La
Malle, « les pères et les mères revenir de la
« chasse, avec une souris ou un moineau dans
« leurs serres, planer dans la cour[2], et ap-
« peler, par un cri toujours semblable, leurs
« petits restés dans le nid. Ceux-ci sortaient
« à la voix de leurs parents, et voletaient au-
« dessous d'eux. Les pères alors s'élevaient
« perpendiculairement, avertissaient leurs
« écoliers par un nouveau cri, et laissaient
« tomber de leurs serres la proie sur laquelle
« les jeunes oiseaux se précipitaient. Aux
« premières leçons, quelle que fût l'attention
« des pères à laisser tomber l'objet presque
« sur leurs petits volant à cinquante pieds

1. *Encyclopédie,* article Aigle.
2. Du Louvre, que M. Dureau de La Malle habitait
alors.

« au-dessous d'eux, ces apprentis maladroits
« manquaient presque toujours de l'attraper.
« Alors les pères fondaient sur la proie, et la
« ressaisissaient toujours avant qu'elle eût
« touché terre ; puis ils s'élevaient de nouveau
« pour faire répéter la leçon, et ne laissaient
« manger la proie à leurs petits que lorsque
« ceux-ci l'avaient saisie.

« Je puis même assurer, tant le lieu et les
« circonstances étaient propres à ce genre
« d'observations, que l'enseignement était
« gradué ;... car, une fois que les jeunes
« oiseaux de proie avaient appris à rattraper
« dans l'air des souris mortes, les parents
« leur apportaient des oiseaux vivants, et
« répétaient la même manœuvre que j'ai dé-
« crite, jusqu'à ce que leurs petits fussent
« capables de saisir un oiseau au vol d'une
« manière sûre, et par conséquent de pour-
« voir eux-mêmes à leur nourriture et à leur
« conservation [1]. »

---

1. *Mémoire sur le développement des facultés in-*
tellectuelles des animaux.

« L'instinct, dit Buffon, n'est que le pro-
« duit de toutes les facultés tant intérieures
« qu'extérieures de l'animal [1]. »

Cette définition de l'*instinct* conviendrait
beaucoup mieux au *naturel*.

L'*instinct* est une faculté primitive et
simple.

L'*instinct* est une industrie, un talent, un
art inné.

« La plupart des animaux, comme les
« abeilles, les araignées, les castors, ont
« chacun, dit spirituellement Fontenelle, un
« art particulier, mais unique, et qui n'a
« point, parmi eux, de premier inventeur. »

L'*instinct* entre dans le *naturel*.

J'ai déjà parlé des observations faites sur
les *castors*.

Je n'y reviens ici que pour faire mieux
sentir, par un exemple détaillé, ce qui constitue le caractère précis de l'*instinct*.

Le *castor*, que F. Cuvier a étudié avec le
plus de suite, avait été pris tout jeune sur les

1. *Histoire de l'éléphant*, t. III. p. 173.

bords du Rhône; il avait été allaité artificiel-
lement; il n'avait donc pu rien apprendre,
même de ses parents. On l'avait placé dans
une cage grillée. On le nourrissait habituelle-
ment avec des branches de saule, dont il
mangeait l'écorce; et l'on s'aperçut bientôt
qu'après avoir dépouillé ces branches de leur
écorce, il les coupait par morceaux et les en-
tassait dans un coin de la cage. Il rassemblait
des matériaux pour bâtir.

On l'y aida. On lui fournit de la terre, de
la paille, des branches d'arbre; et dès lors on
le vit former de petites masses de cette terre
avec ses pieds de devant, puis les pousser en
avant avec son menton, ou les transporter
avec sa bouche, les placer les unes sur les
autres, les presser fortement avec sa queue
jusqu'à ce qu'il en résultât une masse commune et solide, enfoncer alors un bâton avec
sa gueule dans cette masse; en un mot, bâtir
et construire.

Or, deux choses sont ici de toute évidence :
l'une, que cet animal ne devait rien à la *société des siens,* source première, selon Buffon,

16.

de l'industrie des castors ; et l'autre, que cet animal travaillait sans utilité, sans but, machinalement, poussé par un besoin aveugle ; car, dit F. Cuvier, « il ne pouvait résulter « aucun bien-être pour lui de toutes les « peines qu'il se donnait. »

Buffon veut que les *castors* solitaires ne sachent plus rien entreprendre ni rien construire[1]. Le castor de F. Cuvier *entreprenait, construisait, bâtissait*, et cependant il était *solitaire*.

A en croire Buffon : « Les *castors* sont « peut-être le seul exemple qui subsiste « comme un ancien monument de cette es- « pèce d'intelligence des brutes qui, quoique « infiniment inférieure par son principe à « celle de l'homme, suppose néanmoins des « projets communs et des vues relatives[2]. » « — La société des *castors* n'étant point, dit-il, « une réunion forcée, se faisant par une es-

1. *Histoire du castor*, t. II, p. 647.
2. *Ibidem*, p. 283.

« pèce de choix, et supposant au moins un
« concours général et des vues communes
« dans ceux qui la composent, suppose au
« moins aussi une lueur d'intelligence qui,
« quoique très-différente de celle de l'homme
« par le principe, produit néanmoins des
« effets assez semblables pour qu'on puisse
« les comparer[1]. »

Ainsi Buffon, qui refuse l'*intelligence* au
chien[2], voit une *lueur d'intelligence* dans le
castor, « lequel lui paraît d'ailleurs très-
« inférieur au *chien* par les qualités relatives
« qui pourraient l'approcher de l'homme[3]. »

C'est que Buffon prend le résultat d'un *instinct* pour un résultat de l'*intelligence*[4].

Des faits qui tiennent véritablement à l'*intelligence* sont ceux que je vais citer.

Plutarque assure avoir vu un chien « jeter
« de petits cailloux dedans une cruche qui

---

1. *Histoire du castor,* t. II, p. 648.
2. Voyez ci-devant, p. 27.
3. *Histoire du castor,* t. II, p. 648.
4. Voyez ci-devant, p. 57.

« n'estoit pas du tout pleine d'huyle, m'es-
« bahissant, dit-il, comme il pouvoit faire ce
« discours en son entendement, que l'huyle
« monteroit par force, quand les cailloux, qui
« estoient plus pesants, seroient dévallés
« au fond de la cruche, et que l'huyle, qui
« estoit plus légère, leur auroit cédé la
« place[1]. »

Sans admettre le *discours en l'entendement
du chien* sur le mécanisme du fait, le fait
n'est pas impossible.

Voici ce que j'ai vu au Jardin des Plantes :

On avait plusieurs ours ; on en avait trop.
On résolut de se défaire de deux d'entre eux,
et l'on imagina de se servir, pour cela, d'*acide
prussique*.

On versa donc quelques gouttes de cet
acide dans de petits gâteaux. A la vue des
gâteaux, les ours s'étaient dressés sur les
pieds de derrière ; ils ouvraient la bouche :
on réussit à faire tomber quelques gâteaux
dans leur bouche ouverte ; mais aussitôt ils

_____

1. *Quels animaux sont les plus advisés ?*

les rejetèrent, et se mirent à fuir. On pouvait croire qu'ils ne seraient plus tentés d'y toucher.

Cependant, nous vîmes bientôt les deux ours pousser, avec leurs pattes, les gâteaux dans le bassin de leur fosse; là, les agiter dans l'eau; puis les *flairer* avec attention; et, à mesure que le poison s'évaporait, s'empresser de les manger.

Ils mangèrent ainsi tous nos gâteaux très-impunément : ils nous avaient montré trop d'*esprit* pour que notre résolution ne fût point changée; nous leur fîmes grâce.

Nous avons eu, dans ces dernières années, un jeune *orang-outang*. J'ai pu l'étudier, et il m'a souvent étonné par son intelligence.

On se rappelle ce qu'a dit Buffon de l'*orang-outang* qu'il avait observé. « J'ai vu cet ani-
« mal présenter sa main pour reconduire les
« gens qui venaient le visiter, se promener
« gravement avec eux et comme de compa-
« gnie; je l'ai vu s'asseoir à table, déployer

« sa serviette, s'en essuyer les lèvres, se ser-
« vir de la cuiller et de la fourchette pour
« porter à sa bouche, verser lui-même sa
« boisson dans un verre, le choquer lorsqu'il
« y était invité, aller prendre une tasse et
« une soucoupe, l'apporter sur la table, y
« mettre du sucre, y verser du thé, le laisser
« refroidir pour le boire, et tout cela sans
« autre instigation que les signes ou la pa-
« role de son maître, et souvent de lui-même.
« Il ne faisait du mal à personne, s'appro-
« chait même avec circonspection, et se
« présentait comme pour demander des ca-
« resses, etc. [1]. »

Notre jeune *orang-outang* faisait toutes
ces choses. Il était fort doux, aimait singulièrement les caresses, particulièrement celle
des petits enfants, jouait avec eux, cher-
chait à imiter tout ce qu'on faisait devant
lui, etc.

Il savait très-bien prendre la clef de la

1. Tome IV, p. 28.

chambre où il était logé, l'enfoncer dans la serrure, ouvrir la porte. On mettait quelquefois cette clef sur la cheminée, il grimpait alors sur la cheminée au moyen d'une corde suspendue au plancher, et qui lui servait ordinairement pour se balancer. On fit un nœud à cette corde pour la rendre plus courte; il défit ce nœud.

Il n'avait pas l'impatience, la pétulance des autres singes ; son air était triste, sa démarche grave, ses mouvement mesurés.

Je fus, un jour, le visiter avec un illustre vieillard, observateur fin et profond. Un costume un peu singulier, une démarche lente et débile, un corps voûté, fixèrent, dès notre arrivée, l'attention du jeune animal. Il se prêta, avec complaisance, à tout ce qu'on exigea de lui, l'œil toujours attaché sur l'objet de sa curiosité. Nous allions nous retirer, lorsqu'il s'approcha de son nouveau visiteur, prit, avec douceur et malice, le bâton qu'il tenait à la main, et feignant de s'appuyer dessus, courbant son dos, ralentissant son pas, il fit ainsi le tour de la pièce où nous étions, imitant la pose et la marche de mon vieil ami. Il rapporta ensuite le bâton de lui-même, et nous le quittâmes, convaincus que lui aussi savait observer.

———

V

DISTINCTION POSITIVE

DES ESPÈCES.

Les anciens semblent ne s'être jamais posé le problème de la *distinction* des espèces. « On est presque réduit à deviner, » dit G. Cuvier, « quand il s'agit d'appliquer les « noms qu'ils ont employés[1]. » Chose à peine croyable, nous ne savons, d'une manière certaine, ni quelle était leur *panthère*, ni quel était leur *lynx*, ni quel était le singe qu'ils nommaient *cynocéphale*, etc.

Mais que dis-je ici des anciens? Combien n'y a-t-il pas d'espèces, dans Buffon, sur

---

1. *Histoire naturelle des poissons*, t. I, p. 23.

lesquelles nous avons des doutes! Combien
d'espèces, même dans G. Cuvier, dont nous
ne sommes point sûrs !

Buffon reproche aux naturalistes de son
temps de faire des *genres*, qu'il appelle très-
judicieusement *métaphysiques et arbitraires*[1] ;
et G. Cuvier reproche à Buffon de faire des
espèces qui ne sont que le *produit imaginaire
de ses combinaisons*[2].

On n'arrive à la *distinction positive* des
espèces que par l'observation directe et complète ; et, pour cette observation *directe* et
complète, il n'y a que des ménageries qui
puissent nous y servir.

Il faut observer l'animal vivant; il faut
l'observer longtemps. Il faut le voir se développer et se reproduire. Il faut en étudier le
naturel, les *instincts*, l'*intelligence*. Chacune

1. ..... « Nous avons donc fait des genres physiques
« et réels, bien différents de ces genres métaphysiques
« et arbitraires, qui n'ont jamais existé qu'en idée... »
Histoire du mouflon, t. III, p. 282.

2. « Ce nom a été appliqué par Buffon à une espèce
« qui n'était que le produit imaginaire de ses combi-
« naisons. » *Le Règne animal*, t. I, p. 88.

de ces choses a, dans chaque animal, un caractère propre; et c'est par l'ensemble de ces caractères que se définit l'espèce.

L'*Histoire naturelle des mammifères*[1] de F. Cuvier a été l'*histoire* de la ménagerie du Muséum pendant vingt ans ; peu d'ouvrages renferment plus de faits exacts et marchent plus sûrement au but que j'indique ici : la *distinction des espèces*.

Un des animaux qui ont le plus embarrassé les naturalistes et les commentateurs est le *cynocéphale* des anciens, ce singe que l'on voit représenté sur un si grand nombre de monuments de l'antique Égypte. Selon F. Cuvier, ce singe serait notre *babouin*.

Du nom de *cynocéphale*, nom spécifique chez les anciens, les modernes ont fait un terme générique, et qui désigne tout un groupe de quadrumanes. Linné, s'en tenant

---

1. *Histoire naturelle des mammifères,* avec figures originales coloriées, dessinées d'après des animaux vivants. 70 livraisons in-folio, de 1818 à 1837.

au caractère tiré de la queue, laissait les *cynocéphales* confondus avec plusieurs autres singes. L'angle facial, employé plus tard, variant beaucoup avec l'âge, mêlait encore quelques jeunes *cynocéphales* parmi les *guenons*. F. Cuvier trouve un caractère plus sûr dans la position des narines, lesquelles se prolongent jusqu'au bout du museau, et forment ainsi ce *museau de chien*, d'où vient le nom de *cynocéphale*.

Des *singes* de tous les genres, de tous les sous-genres, des *guenons*, des *semnopithèques*, des *macaques*, des *cynocéphales*, etc., lui ont offert ce rapport inverse de l'âge et de l'intelligence que nous avons vu à propos de l'*orang-outang* [1].

Ainsi, par exemple, l'*entelle* [2] a, dans le jeune âge, le front large, le museau peu saillant, le crâne élevé, arrondi, etc. A ces traits organiques répond une intelligence assez

---

1. Voyez ci-devant, p. 55.
2. Espèce de *semnopithèque*, et l'un des singes vénérés dans la religion des Brames.

étendue. Avec l'âge, le front disparaît, recule, le museau proémine ; et le moral ne change pas moins que le physique : l'apathie, la violence, le besoin de solitude remplacent la pénétration, le docilité, la confiance.

« Ces différences sont si grandes, » dit F. Cuvier, « que, dans l'habitude où nous « sommes de juger des actions des animaux « par les nôtres, nous prendrions le jeune « animal pour un individu de l'âge où toutes « les qualités morales de l'espèce sont ac- « quises, et l'*entelle* adulte pour un individu « qui n'aurait encore que ses forces phy- « siques. »

Depuis les deux *orang-outangs* dont j'ai précédemment parlé[1], nous avons eu deux *chimpanzés*, un mâle et une femelle. J'ai trouvé à ces deux *chimpanzés* une intelligence tout à fait semblable à celle de l'*orang-outang*.

Les naturalistes ont longtemps confondu l'*orang-outang* et le *chimpanzé*. Nous savons

1. Page 52 et p. 198.

aujourd'hui que l'*orang-outang* n'habite que les contrées les plus orientales de l'Asie : Malaca, la Cochinchine, l'île de Bornéo, etc. Le *chimpanzé* n'habite que l'Afrique : la Guinée, le Congo, etc.

Lequel de ces deux *singes* faut-il placer le plus près de l'homme ?

A regarder l'intelligence, ils en sont également près, ou plutôt, et à parler plus exactement, ils en sont également loin ; moins loin pourtant qu'aucune autre brute. L'*orang-outang* et le *chimpanzé* sont les deux animaux qui ont le plus d'intelligence.

A regarder la forme extérieure du corps, le *chimpanzé* se rapproche plus de l'homme par les proportions de ses bras, moins longs que ceux de l'*orang-outang* ; mais, d'un autre côté, l'*orang-outang* s'en rapproche plus par le nombre des côtes : il en a douze paires comme l'homme, et le *chimpanzé* en a treize.

L'*orang-outang* et le *chimpanzé* adultes approchent de la taille de l'homme. Le *pongo* de Bornéo, ce grand, ce redoutable

singe, qui a été décrit par plusieurs naturalistes[1] comme un animal particulier, est
l'*orang-outang* adulte.

De tous les singes de l'ancien continent,
les *macaques*[2] sont les seuls que F. Cuvier ait
vus se reproduire dans notre ménagerie[3]. Il
a vu naître un *maimon*, un *macaque* proprement dit, un *rhésus*, et, ce qui est plus curieux, un *métis*, provenant de l'union croisée
du *macaque* proprement dit et du *bonnet chi-
nois*.

Parmi les singes du nouveau continent,
le *coaïta*, espèce de *sapajou* du genre des
atèles, est aussi remarquable par la lenteur
de ses mouvements que les autres quadrumanes le sont, en général, par leur vivacité,
par leur pétulance. Il se traîne plutôt qu'il
ne marche. « On croirait, dit F. Cuvier,
« qu'il a besoin d'une détermination particu-

1. Nommément par Wurmb, naturaliste de Batavia.
2. Sous-genre des *guenons*.
3. On y a vu depuis la reproduction d'un *cynocéphale*, du *papion*. Le mâle avait pour le petit la plus
vive tendresse.

« lière pour chacun de ses mouvements. »
C'est qu'il est essentiellement conformé pour
vivre sur les arbres. Avec ses longues jambes,
ses bras beaucoup plus longs encore et sa
queue prenante, il passe d'une branche à
l'autre, il s'élance d'un arbre à l'autre avec
une adresse extrême ; et, comme il se nourrit
de fruits, il ne descend presque jamais à
terre.

Le *coaïta*, le *cayou*, etc., sont les *singes
paresseux* du nouveau continent. Les *singes
paresseux* de l'ancien continent sont les *loris*.
Nous avons eu, dans ces dernières années,
le *loris grêle :* tous ses mouvements étaient
lents, indolents, mais en même temps légers
et adroits.

Les *sajous* forment une petite famille dont
presque toutes les espèces sont encore à déterminer. Brisson en comptait trois ; Linné,
quatre ; Gmelin, six ; Buffon, deux ; G. Cuvier,
quatre : selon F. Cuvier, on pourrait en établir jusqu'à huit.

On a vu la reproduction, dans notre ménagerie, de l'*ouistiti*, une des espèces les plus

jolies et les plus petites des singes du nouveau monde, et du *maki à front blanc,* espèce
de ce singulier genre des *makis* qui, comme
on sait, ne se trouve que dans l'île de Mada-
gascar.

Rien n'est plus difficile que de fixer les
limites spécifiques des grands *chats* à pelage
tacheté.

Les anciens, particulièrement Oppien, parlent de deux *panthères.* Buffon, ayant sous les
yeux trois de ces grands *chats tachetés,* donna
à l'un le nom de *panthère,* au second le nom
d'*once,* et le nom de *léopard* au troisième.

Selon G. Cuvier, la *panthère* de Buffon est
le *jaguar;* son *once* est la *panthère* proprement dite, la *grande panthère* des anciens; et
son *léopard* est leur *petite panthère.*

G. Cuvier distingue la *grande panthère* de
la *petite,* ou la *panthère* proprement dite du
léopard, par les taches du pelage, lesquelles
sont tout à la fois plus petites et plus nombreuses dans le *léopard* que dans la *panthère.*

Ce premier point à peu près éclairci, la difficulté reparaît pour la plupart des autres espèces, surtout pour les plus petites. Le *serral* de G. Cuvier est-il le même que celui de Buffon? Le *caracal* ou *lynx* de Turquie, de Perse, etc., est-il le vrai *lynx* des anciens, comme le croyait G. Cuvier? Ce *caracal* et celui d'Afrique, celui d'Afrique et celui du Bengale forment-ils autant d'espèces diverses? ne forment-ils que de simples variétés d'une seule espèce, etc., etc.?

Une espèce de *chat,* qui se distingue entre toutes les autres par des ongles *non rétractiles*, est le *guépard* ou *tigre chasseur des Indes.* Le *guépard* de notre ménagerie, décrit par F. Cuvier, avait une grande douceur; il avait la grâce, l'adresse du *chat domestique;* il recherchait, comme lui, les caresses, et faisait entendre le même petit grognement lorsqu'on le caressait.

Le *lion* a produit dans notre ménagerie. Le *tigre* a produit à Londres; et, ce qui est plus notable, on y a vu, dans ces derniers temps, un *métis* né du mélange de ces deux espèces.

Notre ménagerie a souvent eu, ou, pour mieux dire, elle a presque toujours les deux *hyènes* : l'*hyène rayée* et l'*hyène tachetée*. F. Cuvier a vu une *hyène tachetée* qui avait pour son maître l'attachement le plus vif; et il a vu une *hyène rayée* « à laquelle, dit-il, « sans la crainte d'effrayer le public, on au- « rait pu donner la même liberté qu'à un « chien. »

Buffon dit que l'*hyène* est un animal qui, « quoique pris tout petit, ne s'apprivoise pas [1]. » Le naturel des *hyènes* nous est aujourd'hui mieux connu. Plusieurs officiers de notre armée d'Afrique ont dans leurs habitations des *hyènes rayées*, et s'y fient si bien qu'ils les laissent libres. On laisse également libre, au Cap, l'*hyène tachetée*.

La *loutre* est encore un animal qui s'apprivoise facilement. F. Cuvier en a vu plusieurs qu'on était parvenu à rendre très-familières, et qui ne se nourrissaient que de pain et de lait. Aussi ne partage-t-il pas le doute de

---

1. *Histoire de l'hyène,* t. III, p. 91.

Buffon sur ce que raconte Gessner touchant des loutres privées qui obéissaient à leur maître, et qui venaient lui rapporter le poisson qu'elles avaient pris.

Le *chien* est la conquête la plus complète de l'homme sur la nature. Cet animal nous a donné son espèce entière, et à ce point que le type de cette espèce semble avoir disparu. Nulle part le chien n'a été trouvé à l'état de pure nature. A défaut de cet état de *pure nature* qu'on ne connaît pas, F. Cuvier remonte jusqu'au chien le moins modifié par l'homme, c'est-à-dire jusqu'au chien de l'homme le plus grossier, le moins industrieux de la terre, jusqu'au chien de l'habitant de la Nouvelle-Hollande. C'est ce chien qu'il prend pour type de l'espèce. Après le *chien de la Nouvelle-Hollande,* celui qui se rapproche le plus de l'état sauvage est le *chien des Esquimaux.* Notre ménagerie les a possédés tous deux : ils n'avaient, ni l'un ni l'autre, l'aboiement net et distinct de nos chiens domestiques; et ils avaient, l'un et l'autre, sous leur poil soyeux, une sorte de poil laineux ou de *duvet*, que nos chiens domestiques ont entièrement perdu.

Le *chien* et le *loup* sont des espèces si voisines qu'on n'a pu leur trouver encore de caractère qui les distingue. Linné, en ce genre pourtant si habile, n'en a trouvé d'autre que celui de la queue, tournée à droite ou à gauche. Le caractère distinctif du *chien*, selon Linné, serait d'avoir *la queue tournée à gauche*[1].

Notre ménagerie a eu plusieurs *loups* très-apprivoisés. L'un d'eux a offert à F. Cuvier un de ces attachements profonds, dont on croirait l'espèce même du chien à peine capable. « Ce loup, dit-il, suivait en tous lieux « son maître, obéissait à sa voix, montrait la « soumission la plus complète... Étant obligé « de s'absenter, son maître en fit don à la « ménagerie : là, enfermé dans une loge, cet « animal fut plusieurs semaines sans montrer « aucune gaieté, et mangeant à peine ; ce- « pendant sa santé se rétablit ; il s'attacha à

---

1. *Cauda sinistrorsum recurva.*

18

« ses gardiens, et paraissait avoir oublié toute
« autre affection, lorsque, après dix-huit
« mois, son maître revint. Au premier mot·
« que celui-ci prononça, le loup, qui ne l'a-
« percevait point encore dans la foule, le re-
« connut à la voix, et témoigna sa joie par
« ses mouvements et par ses cris... Il fallut
« se quitter une seconde fois... Trois ans s'é-
« coulèrent... Après cet espace de temps,
« qui certainement aurait suffi pour que le
« chien de la race la plus fidèle oubliât son
« maître, celui du loup revint; c'était le soir,
« tout était fermé, les yeux de l'animal ne
« pouvaient le servir, mais la voix de son
« maître ne s'était point effacée de sa mé-
« moire : dès qu'il l'entend, il le reconnaît,
« lui répond par des cris, et aussitôt que l'ob-
« stacle qui les sépare est levé, il se précipite
« vers lui, le caresse, et menace de ses dents
« ses propres gardiens, auxquels, un moment
« auparavant, il donnait encore des marques
« d'affection... »

Le *loup* et le *chacal* sont les deux espèces

dont notre *chien domestique* se rapproche le
plus. Le *loup*, le *chacal* produisent avec le
chien, ainsi qu'on l'a déjà vu[1]. Le *loup* ressemble beaucoup au chien ; le chacal lui ressemble beaucoup plus encore. Le *chien* a l'organisation du *loup;* mais il a non-seulement
l'organisation du *chacal*, il en a les mœurs.
Dès que les *chiens* rentrent dans l'état sauvage, ils forment des troupes nombreuses,
ils se creusent des terriers, ils chassent de
concert, comme les *chacals*. Le *chacal* est-il
donc la souche du *chien domestique ?* Question curieuse, mais qui ne peut être déci-
dée que par les expériences dont j'ai déjà
parlé[2], et dont le résultat ne saurait se faire
longtemps attendre.

Le *chacal* du Sénégal et celui de l'Inde
sont deux espèces très-distinctes, toutes deux
sauvages, et qui néanmoins ont produit ensemble dans notre ménagerie. Le *métis*, né
du mélange de ces deux espèces, était couvert

1. Voyez ci-devant, p. 162.
2. Voyez ci-devant, p. 164.

en naissant d'une sorte de *duvet* ou de poil laineux. Ce *duvet*, ce poil laineux, recouvrait aussi les petits du *renard rouge*, espèce de l'Amérique septentrionale, qui a produit dans notre ménagerie.

La *civette et le zibeth* forment-ils deux espèces distinctes? Buffon n'avait osé prononcer, et l'hésitation a duré jusqu'au moment où notre ménagerie, réunissant les deux espèces, a permis de les comparer immédiatement l'une à l'autre. Il ne sera plus désormais possible de les confondre. La *civette* a des bandes noires transversales ; le *zibeth* a des taches noires au lieu de *bandes*, etc. La *civette* est d'Afrique, le *zibeth* est des Indes orientales.

On ne peut douter que le *sanglier* ne soit la souche de nos *cochons domestiques*, car toutes nos races de *cochons domestiques* produisent avec cet animal des individus féconds, et d'une fécondité qui se perpétue. Chose singulière, c'est qu'il est le seul *pachyderme*[1]

---

1. *Proprement dit :* c'est-à-dire sans compter les *so-lipèdes* qu'on place parmi les *pachydermes.*

que nous ayons rendu domestique. Le *co-chon* présente encore aujourd'hui dans le *sanglier,* et, par conséquent, jusque dans nos climats, sa race à l'état primitif et sauvage. · Le *chien,* le *cheval,* le *taureau,* ont depuis longtemps perdu leurs types ; nous verrons bientôt que tout semble nous montrer la souche du *bélier* dans le *mouflon,* et celle du bouc dans l'*œgagre.*

Le *rhinocéros unicorne,* ou des *Indes,* est le seul qu'on ait amené vivant en Europe. Celui que décrit F. Cuvier, et qu'on montrait à Paris en 1800, n'était même que le septième animal de cette espèce qu'on y eût vu. Le premier y avait paru en 1513.

Nous avons, en ce moment, un jeune *rhinocéros des Indes.* Il est assez doux, paraît fort intelligent ; il aime à jouer avec son gardien ; et, malgré sa tournure massive, il est singulièrement leste et vif à la course.

Notre ménagerie possède, depuis quelque temps, les deux *éléphants,* celui d'*Asie* et celui d'*Afrique.* Rien n'est plus facile que de

18.

comparer les traits qui les distinguent. Sans
parler de la différence essentielle, celle des
dents molaires, présentant des *rubans trans-
verses* dans l'éléphant d'Asie et des *losanges*
dans celui d'*Afrique*, le premier a le front
concave et le dos *convexe*, le second a le front
convexe et le dos *concave*; le premier a des
oreilles relativement petites, le second en a
de très-grandes; le premier a de longs poils
en plusieurs endroits, le second a la peau
nue, etc.

L'*éléphant d'Asie* a été vu très-souvent en
Europe, et de très-bonne heure. Pour l'*éléphant d'Afrique*, l'individu que décrit F. Cuvier n'est que le second qu'on y ait amené
vivant. Le premier était celui qui mourut à
Versailles en 1681, et dont Perrault et Duverney ont donné l'anatomie dans les *Mémoires de l'Académie des sciences*. Celui que
nous avons aujourd'hui est le troisième.

J'ai déjà fait remarquer que tous les *solipèdes* pourraient devenir domestiques, comme
le *cheval*, comme l'*âne*. Notre ménagerie a eu

successivement toutes ces belles espèces : le
couagga, décrit par G. Cuvier[1] ; l'*hémione,*
le *zèbre,* le *daw,* décrits par F. Cuvier. On y
a vu plusieurs fois le *daw,* le *zèbre* produire;
et, ce qui est toujours plus curieux que la
production directe, on y a vu la production
croisée du *zèbre* avec le *cheval,* et de ce même
zèbre avec l'*âne.*

L'*hémione* vient d'y produire avec l'*âne.*
Le *métis,* résultant de l'union de l'*hémione*
mâle avec l'*ânesse,* est un mâle. Il a la couleur isabelle de l'*hémione,* et le braiment de
l'âne. L'*hémione* hennit.

L'espèce du *chameau* ne paraît pas plus
exister aujourd'hui dans l'état de nature que
celle du *chien,* que celle du *cheval,* que celle
du *taureau.* Le *dromadaire* et le *chameau*
produisent ensemble, mais des *métis* inféconds. Le *chameau* se nourrit de plantes
très-communes ; il mange à proportion
moins que le cheval, et fait beaucoup plus

1. Dans la *Ménagerie du Muséum d'Histoire naturelle,* ouvrage dont l'*Histoire naturelle des mammifères* de F. Cuvier fait en quelque sorte la suite.

de travail. Les *dromadaires* de notre ménagerie ont tiré pendant fort longtemps toute l'eau dont on se servait au Jardin des Plantes, et l'on s'y est assuré qu'un seul *dromadaire* équivaut, pour le travail, à deux forts chevaux.

Voilà donc encore une espèce dont notre agriculture pourrait s'enrichir, comme elle pourrait s'enrichir de la *vigogne* et de l'*alpaca*, dont je parlais dans un précédent chapitre. Tout le monde connaît la finesse de la laine de la *vigogne*. La laine de l'*alpaca* est presque aussi fine que celle des *chèvres de Cachemire* et beaucoup plus longue. Sa chair passe d'ailleurs pour très-bonne ; et, si l'on arrive jamais à le naturaliser parmi nous, il pourra tout à la fois nous nourrir et nous vêtir, comme le mouton.

Le *bouquetin* était généralement regardé comme la souche de notre *bouc domestique*, avant que l'*ægagre* nous fût connu. L'*ægagre*, décrit par Pallas et Gmelin, est un animal du centre de l'Asie ; l'animal qu'a possédé notre ménagerie, et que F. Cuvier décrit sous le

nom d'*œgagre*[1], nous venait des Alpes.
L'*œgagre* ressemble plus au *bouc* que le *bou-*
quetin; il a d'ailleurs tout le naturel, toutes
les habitudes de nos boucs domestiques.
L'analogie semble donc indiquer cette sorte
de *bouc sauvage* comme la souche des nôtres;
et il serait curieux de voir si l'expérience
directe, c'est-à-dire le *mélange fécond* et
d'une *fécondité continue,* confirmerait ce
qu'indique l'analogie.

A l'occasion de la *chèvre de Cachemire,*
F. Cuvier distingue avec détail les deux espèces de poils que la nature semble avoir dé-
partis à tous les mammifères terrestres : les
uns, fins, crépus, sorte de *duvet* plus ou moins
épais; les autres plus gros, lisses, donnant
leurs couleurs à l'animal, et constituant, dans
un grand nombre de cas, l'organe d'un toucher particulier et fort délicat. C'est le poil
crépu, c'est le *duvet* des *chèvres de Cachemire,*
qui fait tout le prix de ces animaux. Nos

1. Était-ce le véritable *œgagre* ?

chèvres domestiques ont aussi un *duvet* comme celles de *Cachemire*, seulement il est moins fin; et, quoique moins fin, il serait infiniment supérieur à la plus belle laine de nos moutons. Il aura fallu l'introduction d'une race étrangère pour nous apprendre à tirer tout le parti possible des nôtres.

Le *bélier* est, après le *chien*, l'animal dont la main de l'homme a le plus profondément modifié la nature. Et les modifications, les *variations*, portent sur la plupart des organes. La queue devient monstrueuse par deux énormes masses de graisse dans les *béliers à grosse queue de Barbarie*. La queue du *mouton* de cette race, décrit par F. Cuvier, était assez longue pour traîner à terre, et surpassait le corps en largeur.

L'accumulation de la graisse sur certains points est, au reste, un caractère général de *modification*, de *variation*, de *race*, dans les animaux ruminants. Le *bélier de Barbarie* a cette accumulation de graisse à la queue. Le *bélier d'Abyssinie*, à tête noire sur un corps blanc, n'a qu'une petite accumulation de graisse à la queue, mais il en a une beaucoup plus considérable sur la partie antérieure de la poitrine. La bosse du *dromadaire*, les deux bosses du *chameau*, ne sont que des dépôts graisseux. C'est encore un dépôt graisseux qui forme le renflement des hanches du *gnou*, la bosse du *zébu*, etc.

Une *variation* qui ne s'est montrée jusqu'ici que sur les espèces du *bouc* et du *bélier* est celle qui double les cornes. Il y a des *béliers* et des *boucs* à quatre cornes. Dans le *bœuf*, dans le *buffle*, les cornes grandissent, diminuent, se détachent des os pour ne rester attachées qu'à la peau, disparaissent ; mais on ne voit jamais leur nombre s'accroître.

La *variation* la plus singulière dans l'espèce du *bélier* est celle qu'y présente le *poil*. Tous les animaux, à l'état sauvage, ont deux sortes de poils, comme nous avons vu : les *poils soyeux* et les *poils laineux*. Or, nos *chiens domestiques* et nos *béliers* offrent, sous ce rapport, les deux cas extrêmes et opposés. Le *chien* n'a que des *poils soyeux ;* il a perdu jusqu'au germe des *poils laineux ;* et le *bélier,* au contraire, a perdu tous ses *poils soyeux*, et n'a conservé que la *laine*.

Buffon jugeait très-bien, lorsqu'il a dit que le *mouflon* est la souche de nos *béliers domestiques*. Une espèce sauvage peut, dès l'abord (et si je puis m'exprimer ainsi, *à priori*), être regardée comme la souche d'une race domestique, toutes les fois qu'on passe de l'une à l'autre par des intermédiaires suffisants. Or, entre le *mouflon* et nos *béliers*, ces intermédiaires existent. D'abord toutes nos races domestiques se mêlent et produisent ensemble. On le savait pour celles d'Europe, et F. Cuvier s'en est assuré pour les plus étrangères. On peut toujours, d'un autre côté, en s'aidant tour à tour de l'une ou l'autre de ces races, rapprocher le *mouflon* de celles de ces races qui en sont les plus éloignées. Il y en a de plus grandes, de plus petites, de plus trapues, de plus sveltes, à chanfrein plus ou moins arqué, à cornes plus ou moins fortes, etc.; presque toutes diffèrent du *mouflon* par leurs poils. Le *mouflon* semble n'avoir que des *poils soyeux;* il n'a presque pas de *laine :* pour découvrir cette *laine,* il faut écarter les *poils soyeux* qui la cachent. La distance entre le *mouflon,* qui n'a du *poil laineux* que le germe, et nos *béliers,* qui ont perdu jusqu'au germe du *poil soyeux,* paraît donc aussi grande qu'elle puisse être. Mais ici même des intermédiaires viennent se placer entre le *mouflon* et le *bélier à laine pure,* et les rapprocher l'un de l'autre. Le *morvan* semble n'avoir que des *poils soyeux,* comme le *mouflon :* le *bélier d'Afrique,* à longues jambes, n'a pendant l'été que des *poils soyeux;* un *duvet laineux,* pareil à celui du *mouflon,* reparaît chaque hiver en petite quantité; et, chaque printemps, ce *duvet* tombe.

Le *mouflon* habite les parties les plus élevées de la Corse; il y vit en troupes nombreuses, conduites par les individus les plus forts et les plus expérimentés. C'est un animal grossier, farouche, qui ne demande aucun soin particulier, qui produit avec nos brebis, et qui, par conséquent, constitue le *type,* la *souche* de nos *béliers domestiques.*

19

Lequel de notre *taureau*, ou du *zébu* (*bœuf à bosse*), est-il plus près de la *souche* primitive? l'une de ces variétés provient-elle de l'autre? On l'ignore. Le *zébu* se reproduit dans notre ménagerie, et donne des individus féconds avec nos races de *taureaux* domestiques.

Je disais tout à l'heure que le *cochon* est peut-être le seul de nos animaux domestiques dont la race soit encore à l'état sauvage; j'ajoutais pourtant que le *bélier*, que le *bouc* ont très-probablement la leur dans le *mouflon*, dans l'*ægagre*; et je ne parlais d'ailleurs que des grandes espèces. Notre *lapin domestique* a sa souche dans notre *lapin sauvage*; le *cochon d'Inde* a la sienne dans l'*apéréa*, petit animal des parties méridionales de l'Amérique, etc.

F. Cuvier a publié, sur les *dents des mammifères*, un ouvrage qui est devenu classique en zoologie, et que je dois au moins indiquer ici, car il contient plusieurs résultats d'un intérêt général et physiologique.

On a reconnu de bonne heure que c'est l'étendue du *canal digestif* qui détermine le *régime* de l'animal.

« On trouvera toujours, dit Buffon, que
« c'est de la capacité totale de l'estomac et
« des intestins que dépend, dans les animaux,
« la diversité de leur manière de se nourrir ;
« car les ruminants, comme le bœuf, le bé-
« lier, le chameau, etc., ont quatre estomacs
« et des intestins d'une longueur prodigieuse ;
« aussi vivent-ils d'herbe, et l'herbe seule leur
« suffit : les chevaux, les ânes, les lièvres,
« les lapins, les cochons d'Inde, etc., n'ont
« qu'un estomac, mais ils ont un cœcum qui
« équivaut à un second estomac, et ils vivent
« d'herbe et de graines ; les sangliers, les
« écureuils, etc., dont l'estomac et les boyaux
« sont d'une moindre capacité, ne mangent
« que peu d'herbe, et vivent de graines, de
« fruits et de racines ; et ceux qui, comme les
« loups, les renards, les tigres, etc., ont l'es-
« tomac et les intestins d'une plus petite capa-
« cité que tous les autres, relativement au

« volume de leur corps, sont obligés, pour
« vivre, de choisir les nourritures les plus suc-
« culentes, et de manger de la chair et du
« sang[1]... »

La capacité de l'*estomac* et des *intestins*
donne donc le *régime* de l'animal : cette capacité de l'*estomac* et des *intestins* est, à son
tour, donnée par les *dents*.

F. Cuvier a vu que tous les *rongeurs* à dents
molaires pourvues de racines proprement dites
ont un intestin *cœcum* très-volumineux, et
qu'ils sont tous *herbivores* : au contraire, tous
les *rongeurs* à dents molaires dépourvues de
racines n'ont pas de *cœcum*, ou n'en ont
qu'un petit, et ils sont tous *omnivores*.

Dans les animaux *carnivores*, ces rapports
des *dents*, du *canal digestif*, du *régime*, sont
plus remarquables encore : le régime de l'animal s'y calcule, avec une précision presque
mathématique, d'après la seule forme, *tuberculeuse* ou *tranchante*, des dents molaires.

1. *Histoire du bœuf*, t. II, p. 428.

Les *chats,* par exemple (le *lion,* le *tigre,* la *panthère,* etc.), se nourrissent exclusivement de chair, et presque toutes leurs dents sont *tranchantes.* Ils n'ont qu'une dent *tuberculeuse* [1] à la mâchoire supérieure, la *tuberculeuse* inférieure avorte. Les *chiens* ont deux *tuberculeuses* à chaque mâchoire, et ils peuvent se nourrir en partie de substances végétales. Le *raton,* le *coati,* l'*ours,* etc., ont presque toutes leurs dents *tuberculeuses,* et leur régime peut être entièrement frugivore. J'ai fait nourrir, pendant plusieurs années, un *ours* avec du pain bis et des carottes seulement, sans aucune substance animale; et il a parfaitement vécu. Un autre *ours,* que je fis nourrir de la même manière pendant trois ans, en était venu au point de ne plus vouloir toucher à la chair.

Ces lois sont simples, claires, et tout le monde en sent la portée. Un seul caractère extérieur, la forme *tuberculeuse* ou *tranchante*

---

1. *Tuberculeuse,* c'est-à-dire à couronne hérissée de *tubercules mousses.*

des dents, donne, par la chaîne des rapports, la forme du canal intestinal, le régime, et jusqu'aux habitudes de l'animal, jusqu'à ses instincts. C'est la réalisation du mot célèbre de Duverney : *Qu'on me présente la dent d'un animal, et je dirai quelles sont ses mœurs.*

FIN DE LA DEUXIÈME PARTIE.

TROISIÈME PARTIE.

————

DE L'ART EXPÉRIMENTAL

APPLIQUÉ

A L'ÉTUDE DES INSTINCTS.

DE
L'ART EXPÉRIMENTAL

APPLIQUÉ

A L'ÉTUDE DES INSTINCTS.

HISTOIRE

DES

DÉCOUVERTES SUR LES ABEILLES.

I

Les anciens n'ont pas connu l'art expéri-
mental. Aussi n'ont-ils rien démêlé. L'expérience seule démêle, et des expériences mul-
tipliées seules confirment.

Pline nous parle d'un Aristomaque de
Soles, qui, pendant cinquante-huit ans, ne fit
autre chose que d'étudier les abeilles, et d'un
Philiscus de Thasos, qui se retira dans les

déserts pour s'y consacrer tout entier à cette unique étude[1]. Nous n'avons ni Aristomaque ni Philiscus, mais nous avons mieux; nous avons Aristote et Pline. Et cependant qu'est-ce qu'Aristote et Pline nous enseignent sur les abeilles? Beaucoup d'erreurs populaires et très-peu de faits précis. Voici, par exemple, comment Aristote nous raconte ce qu'on savait de son temps, et ce que lui-même savait ou croyait savoir touchant la génération des abeilles :

« Par rapport à la génération des abeilles, » dit-il, « les sentiments sont partagés. Il y en « a qui prétendent que les abeilles ne s'accou- « plent point et ne font point de petits, mais « qu'elles apportent d'ailleurs la semence qui « doit les reproduire. Dans ce système, on « est encore partagé sur le lieu où les abeilles « font cette récolte. C'est, suivant les uns, « sur les fleurs du *calamus*. D'autres disent « que c'est sur la fleur de l'olivier, et ils se « fondent sur ce que plus la fleur de l'olivier « est abondante, plus il sort d'essaims. D'au- « tres conviennent que les abeilles recueillent,

1. *Histoire naturelle,* liv. XI.

« sur quelques-unes des fleurs qui viennent
« d'être nommées, la semence qui reproduit
« les bourdons, mais ils disent que, pour les
« abeilles, elles sont reproduites par les rois
« de la ruche. Il y a deux espèces de rois,
« l'un est roux, c'est le meilleur ; l'autre est
« noir et tacheté. Leur grosseur est double
« de celle de l'abeille ouvrière, et la partie de
« leur corps qui est au-dessous de l'incision
« à une fois et demie la longueur du reste.
« Quelques-uns les appellent les mères, à
« cause de la fécondité qu'ils leur attribuent.
« Pour appuyer ce sentiment, on dit qu'il
« naît des bourdons dans une ruche sans
« qu'il y ait de rois, mais qu'il n'y naît point
« d'abeilles. D'autres prétendent que ces in-
« sectes s'accouplent, les mâles étant les bour-
« dons et les abeilles les femelles. Les abeilles
« ordinaires naissent dans les cellules du gâ-
« teau de cire, mais les rois, au contraire, nais-
« sent sous le gâteau, auquel ils sont attachés
« et suspendus séparément, au nombre de six
« ou sept, etc., etc. [1]. »

1. *Histoire des animaux,* liv. V, p. 295.

Au milieu de toutes ces assertions, comment démêler le vrai du faux, car il y a du vrai, et assez pour qu'on ne puisse pas douter qu'Aristote n'ait réellement observé et souvent très-bien vu, selon son usage? Je n'en dirai pas autant de Pline; et cependant il y a encore du vrai au milieu de tout le fabuleux, de tout le faux qu'il entasse. Que manque-t-il donc à Aristote et à Pline? Du démêlement, de la précision, choses auxquelles on n'arrive que par cet art que les anciens n'ont pas connu, par l'art des expériences.

« Les anciens, dit Réaumur, ne nous donnent pas plus de garants, pas plus de preuves de la réalité de ce qu'ils en débitent » (des abeilles), « que les auteurs des romans « ne nous en donnent de la réalité des évé- « nements par le récit desquels ils savent « nous intéresser [1]. »

« Comme nous examinerons à la rigueur, » ajoute-t-il, « tout ce qui a été rapporté d'ad- « mirable de ces mouches, nous découvri-

1. *Mémoires pour servir à l'histoire des insectes,* t. V, p. 207.

« rons bien du faux dans le merveilleux dont
« on a voulu leur faire honneur; mais nous
« aurons aussi des compensations à faire en
« leur faveur. Le faux merveilleux, qui leur a
« été attribué, sera remplacé par du merveil-
« leux réel qui a été ignoré [1]. »

Le fait est que l'histoire positive des abeilles
ne date que des études sérieuses de deux modernes : Swammerdam et Maraldi.

1. *Mémoires pour servir à l'histoire des insectes*,
t. V, p. 207.

DE MARALDI.

Je commence par Maraldi. Son Mémoire
sur les abeilles, inséré parmi ceux de l'Académie des sciences de 1712, a paru avant les
grands travaux de Swammerdam, quoique
fort postérieur cependant à ces travaux mêmes,
comme nous le verrons bientôt.

Fontenelle a écrit l'*éloge* de Maraldi, *éloge*
très-court, mais charmant. Le plus considérable travail de Maraldi avait été son *Catalogue des étoiles fixes*, un de ces travaux qui
absorbent un homme; aussi Fontenelle dit-il
de Maraldi « qu'il avait passé sa vie tout

« entière renfermé dans le ciel [1]. — Il se dé-
« lassait pourtant quelquefois, » ajoute Fontenelle ; « il prenait des divertissements ; il
« faisait des observations physiques sur les
« insectes;... sa plus importante observation
« *terrestre* a été celle des abeilles [2]... »

Maraldi compte trois sortes d'abeilles : les
abeilles proprement dites, celles qu'on a ap-
pelées plus tard les *ouvrières;* les *bourdons,*
qu'on a appelés plus tard les *faux bourdons,*
et plus tard encore, et cette fois-ci avec raison, les *mâles;* et enfin, l'abeille que, à l'exemple d'Aristote et de Pline, Maraldi appelle *le
roi.* Maraldi sait pourtant très-bien, et c'est
là le premier pas certain que la science ait fait
en cette matière, que le prétendu *roi* est une
femelle, une reine, une mère et la mère unique de toutes les autres abeilles. « Cette mou-
« che, dit-il, est la mère de toutes les autres,
« et c'est peut-être celle qu'on appelle *le roi* [3].

1. *Éloge de Maraldi.*
2. *Ibid.*
3. *Mémoires de l'Académie des sciences,* année
1712, p. 302.

« — L'abeille qu'on appelle le roi, » continue-t-il, « est la mère de toutes les autres.
« Elle est si féconde, qu'autant qu'on peut
« en juger elle peut produire en un an huit
« ou dix mille petits [1]... »

Maraldi sait encore ou plutôt il entrevoit
déjà que les *bourdons* pourraient bien être les
mâles. « Quoiqu'il soit difficile, dit-il, de
« connaître parfaitement l'usage de ces par-
« ties » (il s'agit des parties qui se sont
trouvées en effet être celles de la génération),
« on peut cependant dire, avec quelque pro-
« babilité, qu'elles paraissent formées pour
« la propagation, et, comme nous sommes
« assuré que le roi, qui se distingue aisément
« des bourdons par sa grandeur, par sa taille
« et par sa couleur, est la femelle, on peut
« dire que les bourdons sont les mâles [2]. »

Mais alors que sont les *abeilles*, les *abeilles
proprement dites?* C'est sur quoi Maraldi ne
s'explique pas. Il se borne à constater leur

1. *Mémoires de l'Académie des sciences,* année
1712, p. 342.
2. *Ibid.,* p. 331.

stérilité. Aussi Fontenelle dit-il : « Le mys-
« tère de la génération des abeilles demeure
« encore assez caché ; mais les soins qu'elles
« prennent toutes en commun des petits
« qu'elles n'ont pas faits, et qui n'appartien-
« nent qu'à leur roi, sont fort visibles et fort
« remarquables. On dirait qu'ils sont regar-
« dés comme les enfants de l'État[1]. »

Je passe sur plusieurs détails touchant la
manière dont les abeilles s'y prennent pour
construire leurs alvéoles, pour recueillir le
miel, pour la ponte des œufs, pour les soins
donnés à ces œufs, détails observés par Maraldi dans des ruches vitrées, expédient auquel on n'avait point songé jusque-là ; et je
viens à Swammerdam, l'anatomiste le plus
perspicace et le plus profond qui se soit occupé des insectes.

1. *Éloge de Maraldi,* p. 11.

DE SWAMMERDAM.

Swammerdam était né[1] en 1637 et mourut en 1680, laissant inédit le plus admirable
de ses ouvrages, le *Biblia naturæ*. Le manuscrit de cet ouvrage, le plus original et le
plus riche en découvertes sur les insectes
qu'on eût encore vu, passa entre les mains
de Thévenot, à qui l'auteur l'avait légué. Des
mains de Thévenot, mort avant d'avoir eu le
temps de le faire imprimer, il passa dans
celles de Duverney. Duverney se proposait
très-sincèrement de le publier; mais qu'attendre, en ce genre, d'un homme qui ne

1. A Amsterdam.

publiait pas même ses propres travaux ? Nous avons, encore inédites, à la Bibliothèque de l'Institut, ses recherches sur les *mollusques*, dont j'ai entendu M. Cuvier parler avec grande estime. Enfin, le précieux manuscrit passa de Duverney à Boerhaave, et le *Biblia naturæ* parut en 1737. Voici le titre complet : *Biblia naturæ, seu historia insectorum in certas classes reducta, necnon exemplis et anatomico rariorum animalculorum examine æneisque tabulis illustrata.* (Leyde, 2 vol. in-fol.)

On sent, dès le début du livre, un homme d'une trempe nouvelle, à la fois observateur et penseur. « La nature nous étonne, » dit Swammerdam, « par la grandeur des ouvra-« ges qu'elle a produits, en déployant, pour « ainsi dire, toute sa puissance sur la ma-« tière;... mais elle ne nous est pas moins « incompréhensible, lorsque, travaillant à la « formation du plus petit insecte, elle concentre « toutes ses forces dans un seul point... On « n'admire jamais plus les animaux appelés « parfaits (c'est-à-dire que l'homme a jugés

« les plus semblables à lui) que lorsque, en
« les décomposant dans leurs plus petites
« parties, l'on découvre que, dans une masse
« vivante, tout est organisé, tout est vivant;
« et dans ce sens le petit est l'élément du
« grand, il est partout, il pénètre la nature
« entière, et devient un objet digne de la phi-
« losophie.

« D'ailleurs, qu'est-ce que le petit, qu'est-
« ce que le grand, sinon des quantités rela-
« tives à l'homme qui se fait le centre de tous
« les mondes et l'unité de mesure de tous les
« êtres ? Et, pour nous borner à la classe des
« êtres animés, qu'a de plus aux yeux du
« philosophe un éléphant, une baleine, que
« le plus petit animalcule ? L'un et l'autre est
« vivant, et c'est le vivant qui étonne et qui
« confond le philosophe ; l'un et l'autre est
« pourvu de toutes les parties solides et de
« toutes les liqueurs nécessaires à sa conser-
« vation, à son accroissement et à sa repro-
« duction ; l'un et l'autre a son instinct, ses
« inclinations, ses mœurs : tout cela même
« semble plus à l'aise dans l'éléphant que

« dans la fourmi, dont la petitesse est une
« merveille de plus [1]. »

Le plus beau chapitre du *Biblia*, celui qui
a exercé le plus d'influence sur les idées, je
ne dis pas seulement des naturalistes, mais
des philosophes, est le chapitre où l'auteur
nous explique le mystère, jusque-là si profondément caché, des *métamorphoses* des insectes.

Jusqu'à Swammerdam on croyait que,
lorsqu'un insecte *se métamorphose*, c'était un
corps qui se changeait en un autre, un corps
de chenille en un corps de chrysalide, un
corps de chrysalide en un corps de papillon.
Le papillon, la chrysalide, la chenille, c'étaient
autant d'êtres nouveaux, distincts, ayant chacun son existence à part, sa vie propre.
Swammerdam montra que le papillon est
contenu tout entier dans la chrysalide, la
chrysalide tout entière dans la chenille; que
tous ces corps, si différents en apparence, ne
sont que le même corps, que tous ces êtres
ne sont que le même être; qu'il n'y a point,
à la rigueur, de *métamorphose* au sens popu-

1. *Collection académique,* t. V, p. 1.

laire, au sens poétique, mais une simple
évolution de parties qui successivement se
forment et se manifestent.

Pour en venir là, Swammerdam n'avait
fait que *désenvelopper*, que *désemboîter* les
différentes parties du papillon déjà formées
dans la chrysalide, et celles de la chrysalide
déjà formées dans la chenille.

Ces résultats frappèrent Leibnitz, et c'est
des expériences de Swammerdam, qui lui
montraient l'*emboîtement* du papillon dans la
chrysalide et celui de la chrysalide dans la
chenille, qu'il déduisit l'*emboîtement*, l'*enveloppement* infini des germes.

« C'est ici, dit Leibnitz, que les transfor-
« mations de M. Swammerdam, qui est l'un
« des plus excellents observateurs de notre
« temps, sont venues à mon secours et m'ont
« fait admettre plus aisément que l'animal
« ne commence point lorsque nous le croyons,
« et que sa génération apparente n'est qu'un
« développement et une espèce d'augmenta
« tion [1]... »

1. *Opera philosophica*, p. 125.

« J'ai ouï conter, dit Malebranche, qu'un
« savant hollandais avait trouvé le secret
« de faire voir, dans les coques des che-
« nilles, les papillons qui en sortent[1]... »
Et bientôt, de ce que le papillon est contenu
dans la chenille, Malebranche conclut que
tous les êtres successifs de chaque espèce sont
contenus les uns dans les autres. « Dieu, »
dit-il, « a formé dans une seule mouche
« toutes celles qui en devaient sortir[2]. »

Tel est le système des *emboîtements infinis,*
de la préexistence infinie des germes *enfermés*
les uns dans les autres, système fameux et
qui ne repose pourtant que sur de fausses
analogies. Swammerdam ne parle que du
même individu, du même germe ; Malebranche et Leibnitz passent, au contraire,
d'un germe à un autre, d'un individu à un
autre, d'une génération à une autre. Entre
ces deux ordres de faits, il y a un hiatus profond, un abîme.

Mais je laisse bien vite la question philoso-

1. *Entretiens sur la métaphysique,* XIe entretien.
2. *Ibid.,* X^e entretien.

phique et primordiale de la génération des
êtres ; je ne m'occupe ici que de la question
positive et physique de la génération des
abeilles. Cette génération était encore un si
profond mystère, même après le mémoire de
Maraldi, que Fontenelle va jusqu'à dire à
l'occasion de ce mémoire : « Virgile n'a pas
« eu tort de croire à l'histoire du taureau,
« faute de mieux [1]. »

Avec Swammerdam, tout change de face ;
il fait l'anatomie de la mère-abeille ; il en
étudie l'ovaire et le trouve rempli d'œufs ; il
étudie la ponte, ponte si prodigieuse qu'elle
ne se borne pas à neuf ou dix mille œufs,
comme disait Maraldi, mais qui va jusqu'à
vingt, jusqu'à trente mille ; on pourrait dire
aujourd'hui, d'après Huber, jusqu'à plus de
cent mille.

De l'anatomie de l'abeille-mère, Swam-

[1]. *Histoire de l'Académie des sciences,* année 1712,
p. 9.

Hic verò (subitum ac dictu mirabile monstrum!)
Adspiciunt liquefacta boum per viscera toto
Stridere apes utero, et ruptis eff rvere costis,
Immensasque trahi nubes...

(*Géorgiques*, liv. IV.)

merdam passe à l'anatomie des bourdons ou abeilles mâles; il fait connaître, il distingue avec certitude les parties qui les constituent mâles.

Enfin, il vient aux abeilles ordinaires, aux abeilles ouvrières, et les croit dépourvues de sexe. « Elles ne sont, dit-il, ni mâles ni fe- « melles[1]. » C'était une erreur, mais le même homme ne peut tout voir, et Swammerdam voit déjà que, par toute leur structure interne, elles se rapprochent beaucoup plus de l'abeille femelle que des abeilles mâles. Les abeilles ouvrières ne diffèrent, en effet, de la mère-abeille, de la femelle complète, que par un développement incomplet de leurs parties sexuelles.

Ayant si bien constaté, d'une part, la fécondité de la mère-abeille et, de l'autre, la puissance fécondatrice des mâles, Swammerdam s'attendait à voir leur accouplement; il ne le vit point; on ne l'a vu que longtemps après; et, par une de ces conclusions précipitées

1. P. 250.

qui sont comme un piége constant tendu aux
meilleurs esprits, il conclut que la seule
vapeur des mâles suffisait pour féconder la
femelle.

Du reste, Swammerdam a parfaitement vu
que les abeilles ouvrières seules nourrissent
les petits de la reine-abeille ; que seules elles
construisent les cellules où ces petits éclosent ;
que les mâles ne font rien ; que ce sont elles,
et elles seules qui travaillent pour eux, mais
qu'aussi elles les tuent dès que la fécondation
de la mère, de la reine, est opérée, etc., etc.
Il a aussi très-bien vu qu'il n'y a qu'une
seule mère ou qu'une seule femelle dans
chaque ruche ; que toutes les abeilles proprement dites ont un aiguillon, que toutes
les fois que cet aiguillon reste dans la plaie,
elles meurent ; que la mère-abeille a un aiguillon comme les ouvrières ; que les mâles
n'en ont point ; il a vu l'affection commune
et très-vive de toutes les abeilles, tant des
ouvrières que des bourdons, pour la reine-
abeille ; il a vu que, dès qu'elle émigre, ils émigrent, qu'ils se rendent où elle se rend ; qu'elle

est l'âme de leurs travaux ; que dès qu'un
essaim perd sa reine, il perd toute ardeur, tout
courage pour le travail ; mais que dès qu'il la
retrouve ou en trouve une autre, les travaux
recommencent, etc., etc.; et, philosophe aussi
judicieux qu'observateur perspicace, il ne
s'est point mépris sur la vraie nature du
principe qui fait agir les abeilles. « Rien n'est
« comparable, dit-il, à l'empressement que
« ces petits animaux font voir pour élever
« leur famille. Bien des gens, en conséquence
« de cette tendresse et de ces soins indus-
« trieux, ont accordé aux abeilles de l'intel-
« ligence, de la sagesse et toutes les vertus
« morales et politiques, mais je n'y vois autre
« chose que la loi de la nature qui tend à la
« propagation de l'espèce et qui nécessite la
« poule et les autres oiseaux à pondre, à cou-
« ver et à élever leurs petits. Tous les ani-
« maux obéissent nécessairement à cette loi ;
« il n'y a de différence qu'en ce que les uns
« paraissent tendre au but d'une manière qui
« paraît plus sage et qui semble approcher
« plus du raisonnement, et c'est ce qu'on re-

« marque dans les abeilles, quoique, à vrai
« dire, cet ordre que nous admirons tant en
« elles ne soit autre chose qu'une impulsion
« nécessaire[1]... »

1. P. 255.

DE RÉAUMUR.

Venant après Swammerdam et Maraldi, Réaumur croit d'abord devoir s'excuser d'écrire encore sur les abeilles. Il se rassure pourtant par cette réflexion que « les peu-« ples (c'est Réaumur qui parle) dont les « exploits ont mérité de passer à la posté-« rité, ont eu bien plus d'un ou de deux his-« toriens;... et les abeilles, ajoute-t-il, sont « au moins, parmi les insectes, ce qu'ont « été les Romains par rapport aux peuples « qui ont donné les plus grands spectacles à « l'univers [1]. »

Réaumur continue : « Il faudrait être né

1. *Mémoires pour servir à l'histoire des insectes,* t. V, p. 210.

« sans aucun esprit de curiosité, avoir l'in-
« différence la plus parfaite pour toutes con-
« naissances, pour ne pas désirer de savoir
« comment des mouches, si peu remarquables
« par leur forme, peuvent parvenir à exécu-
« ter des ouvrages si singuliers, etc... Dans
« tant de mouches réunies et qui travaillent
« pour une même fin, on croit voir en petit
« ce que la raison a fait de plus grand et de
« plus utile pour nous ; une société qui,
« comme celle de nos républiques, est gou-
« vernée par des lois. Il y a longtemps qu'on
« a donné aussi les abeilles comme le modèle
« d'un gouvernement monarchique[1]... »

C'est à propos de l'enthousiasme de Réaumur, enthousiasme pourtant si gracieux par
sa naïveté même, que Buffon disait avec ironie « qu'on admire d'autant plus qu'on ob-
« serve davantage et qu'on raisonne moins. »
Buffon se trompe ; on n'observe jamais assez,
et l'on peut être grand de bien des manières.
Je remarque que dans cette admirable suite

1. *Mémoires pour servir à l'histoire des insectes.*
t. V. p. 218.

d'excellents observateurs, les De Geer, les Trembley, les Bonnet, les Schirach, les Huber, qui sont venus après Réaumur, tous l'appellent le *grand Réaumur* et qu'ils n'appellent Buffon que l'*éloquent Buffon*.

« Il est difficile, dit très-bien Réaumur, de « parvenir à voir ce qui se passe parmi les « abeilles, si on n'a pas recours à des expé-« dients particuliers. » Le premier de ces expédients est d'avoir des ruches vitrées de toutes les formes les plus favorables à l'observation ; le second est d'imaginer de judicieuses expériences et de les multiplier.

Il s'agissait d'abord de savoir si, comme Swammerdam l'avait dit, il n'y a, en effet, qu'une seule reine dans chaque ruche, dans chaque essaim. Pour cela, Réaumur imagine de diviser un essaim en deux ; puis il passe en revue, l'une après l'autre, toutes les abeilles de chaque essaim, et ne trouve une reine que dans l'un des deux ; chaque essaim n'a donc qu'une reine.

1. *Mémoires pour servir à l'histoire des insectes.* t. V, p. 213.

Mais cette idée heureuse d'un essaim *divisé en deux* devait donner encore bien d'autres faits, et tous essentiels. Qu'allait-il se passer dans ces deux essaims, l'un qui avait sa reine et l'autre qui ne l'avait plus ? Chaque essaim avait été placé dans une ruche particulière. Or, les abeilles de l'essaim privé de reine cessèrent aussitôt de travailler, et presque toutes périrent un peu plus tôt ou un peu plus tard. « Aristote prétend, dit Réaumur,
« que lorsqu'elles sont privées de reine, elles
« se contentent de faire des gâteaux de cire
« dans les alvéoles desquels elles ne portent
« point de miel. Mais je puis assurer qu'alors
« elles vivent dans une parfaite oisiveté ; que
« non-seulement elles ne font aucune récolte
« de miel, mais qu'elles ne construisent pas
« une seule cellule de cire, et je l'assure sur
« un grand nombre de preuves de l'espèce
« de celles que je viens de donner[1]... »

On verra tout à l'heure que ceci n'est pas tout à fait exact. Quoi qu'il en soit, passons

1. *Mémoires pour servir à l'histoire des insectes,*
. V, p. 255.

au second essaim, à celui qui avait sa reine :
celui-ci continua de travailler, à construire
des gâteaux, à creuser dans ces gâteaux des
alvéoles pour recevoir des œufs, d'autres alvéoles pour recevoir du miel, etc., etc.

Ainsi donc : 1° il n'y a qu'une reine dans
chaque essaim ; et 2° il faut que chaque essaim ait une reine, mais une seule, car s'il y
en a deux, l'une des deux finit toujours par
se débarrasser de l'autre et par la tuer.

Je viens de dire qu'après avoir divisé un
essaim en deux, Réaumur en avait examiné
successivement toutes les abeilles ; mais, me
demandera-t-on, comment cet examen d'un
animal si facilement irascible et si courageux
a-t-il pu se faire ? Les abeilles ne sont *trai-
tables,* dit Réaumur, que lorsqu'elles sont
mortes en apparence, c'est-à-dire asphyxiées.
Il les plonge donc dans l'eau, il les noie ; et,
comme il a bien calculé son temps, il les re-
tire assez tôt pour qu'aucune ne périsse et
qu'elles reprennent toutes, même assez vite,
toute leur vigueur.

C'est par cet *expédient* qu'il les examine,

qu'il les touche impunément, qu'il les compte, et avec une patience qui va bien loin, car il en a compté une fois, et compté une par une, jusqu'à vingt-sept mille et plus.

Malgré tous ces *expédients,* tous ces soins, tout ce travail si ingénieux et si assidu, malgré dix-huit années entières consacrées à cette belle étude, Réaumur avait laissé bien des sujets de doute. Il croyait encore que les abeilles ordinaires, les ouvrières, n'avaient point de sexe, qu'elles n'étaient *ni mâles, ni femelles* (pour parler comme lui), qu'elles étaient *neutres;* qu'il était absolument néces-saire que la mère-abeille pondît des œufs particuliers pour la reproduction particulière des *abeilles-mères;* il avait entrevu un fait qui ne devait être compris que beaucoup plus tard, savoir : qu'une femelle peut donner des œufs et en donner tout ce qu'elle en donne dans les pontes ordinaires, plusieurs mois après le carnage régulier des mâles, de tous les mâles [1], et par conséquent sans féconda-

---

1. Voyez ce que j'ai dit ci-devant à propos de Swam-merdam.

tion, du moins immédiate; il ne savait rien
d'assuré, enfin, sur l'accouplement des reines, ni s'il y avait accouplement, ni s'il n'y
en avait pas, etc., etc. Quelques années
après la mort de Réaumur, Bonnet écrivait à
Schirach : « Nous ne devons pas nous presser
« de croire que nous tenons les principes de
« la science des abeilles; nous n'en sommes
« au plus qu'à l'A, B, C. »

DE SCHIRACH.

Schirach était un pasteur de la haute Lu-
sace[1], qui s'était épris d'un goût passionné
pour l'étude des abeilles, et qui avait du génie pour l'observation. Son *Histoire naturelle
de la reine des abeilles avec l'art de former
des essaims*[2] fut un modèle en son genre.
C'était l'ouvrage le plus remarquable sur
les abeilles qui eût paru depuis Réaumur;
et il fut d'autant plus remarqué que souvent
il contredisait Réaumur, et que, plus souvent
encore, il ajoutait à ce que Réaumur avait vu.

1. A Klein-Bautzen.
2. Ouvrage traduit en français en 1787, par Blanière.
Le livre original avait été publié à Dresde, en 1768.

Réaumur avait cru que la mère-abeille pondait, ainsi que je viens de le dire, des œufs particuliers pour la production des abeilles-mères, et qu'il n'y aurait point eu d'abeille-mère sans cela. « Outre les deux « sortes d'œufs, dit-il, dont nous venons de « parler, » les œufs des ouvrières et ceux des mâles, ceux-ci toujours plus gros que les autres, « on doit penser que la mère mouche « a encore à en pondre d'une troisième sorte. « Ce ne serait pas assez qu'elle donnât nais- « sance à plusieurs milliers de mouches ou- « vrières et à plusieurs centaines de mâles; « elle doit la donner à d'autres mouches pro- « pres à devenir des mères, à d'autres mou- « ches qui perpétuent l'espèce. Il faut qu'elle « ponde au moins un œuf, d'où naisse « l'abeille qui conduira hors de la ruche trop « peuplée une colonie, qui ne subsisterait pas « sans cette mouche. La mère doit donc pon- « dre et pond des œufs d'où doivent sortir des « mouches propres à être mères à leur tour. « Elle le fait, continue Réaumur... Elle n'a, « pour l'ordinaire, qu'à en pondre quinze à

22

« vingt par an; quelquefois elle n'en pond
« que trois ou quatre, et quelquefois elle
« n'en pond point du tout, et, dans ce
« dernier cas, la ruche ne donne point
« d'essaim [1]. »

Sur presque tout cela Réaumur se trom-
pait. La première découverte de Schirach fut
de montrer qu'il n'est point nécessaire qu'il
y ait des œufs particuliers, distincts, pour la
reproduction des abeilles-mères; que les
abeilles-mères peuvent sortir des mêmes œufs
que les abeilles ouvrières, et que ce sont ces
abeilles ouvrières qui savent, quand elles veulent, transformer un œuf ordinaire, ou plutôt
le ver qui en naît, en *ver royal*, en lui con-
struisant une cellule plus grande, une *cellule
royale*, et en portant dans cette *cellule royale*,
en donnant à ce *ver royal* une espèce particulière de nourriture toute différente de celle
qui doit servir à la nourriture des autres
vers.

Mais Schirach ne s'en tint pas là. Ayant

1. *Mémoires pour servir à l'histoire des insectes,*
t. V, p. 477.

découvert que les abeilles se font autant de *reines* qu'elles le veulent, il imagina de leur en faire faire autant que lui-même le voudrait, et, par des méthodes très-simples, il y parvint. Il enfermait, à part et sans reines, *dans des boîtes,* disposées pour cela, à couvercles percés de trous pour le passage de l'air, etc., des abeilles ouvrières avec de la cire, du miel et du couvain.

Ayant du *couvain,* c'est-à-dire des œufs, des vers, des nymphes, en un mot une postérité assurée, les abeilles ouvrières, ainsi séquestrées, travaillent, et n'ayant point de reine, elles s'occupent aussitôt à s'en faire une qui puisse leur donner, à son tour, du nouveau *couvain.*

On obtient ainsi autant de reines, et par suite autant d'essaims que l'on veut; car, autant de reines, autant d'essaims.

Ces *essaims artificiels,* cet art de les multiplier à volonté, cet art de *procréer* une reine, des reines, tout cela fit la plus vive sensation et beaucoup de bruit. On critiqua, on loua, on nia; enfin on se rendit auprès de Schirach

et l'on observa; on essaya bientôt de l'imiter
et l'on réussit. La méthode nouvelle fut
adoptée, transportée dans la Saxe, dans le
pays de Gotha, dans le Palatinat, etc.; il se
forma des Sociétés particulières pour la cul-
ture des abeilles; le succès de Schirach fut
complet.

La seconde découverte de Schirach fut
celle qui lui apprit que les abeilles ouvrières
étaient des femelles. « J'avouerai franche-
« ment, dit-il à cette occasion, que je n'ai
« parlé qu'avec beaucoup de réserve de ma
« première découverte, parce que je n'osais
« presque m'élever contre le sentiment du
« grand Réaumur, qui a fait pendant plus
« de dix-huit ans les plus soigneuses re-
« cherches sur l'économie des abeilles; et
« c'est encore avec peine que je me vois
« ici contraint à combattre cet illustre aca-
« démicien [1]. »

« Depuis ma première découverte, » continue-t-il, « il me paraissait contradictoire de

1. *Histoire naturelle de la reine des abeilles,* p. 65.

« supposer trois genres dans les abeilles,
« puisqu'il est avéré que ces mouches peu-
« vent se former en tout temps une reine
« au moyen du couvain [1]. »

Et, en effet, le grand résultat, le grand
fait, découvert et constaté par Schirach, est
celui-ci : c'est que *tout ver d'abeille ouvrière
peut devenir une reine* [2]. Cela posé, Schirach
conclut avec raison qu'il faut nécessairement
« que les abeilles ouvrières soient du genre
« féminin. »

Mais en histoire naturelle, en physique, ce
n'est pas assez que de conclure par voie de
raisonnement, de déduction ; il faut voir,
il faut montrer ; et Schirach ne vit ni ne
montra.

Une autre découverte, que Schirach
n'acheva pas non plus, est celle dont il
crut pouvoir conclure (car rien n'est plus
capable de tromper qu'un fait incomplet),
que « les faux bourdons ne doivent pas

1. *Histoire naturelle de la reine des abeilles*,
p. 65.
2. *Ibid.*, p. 69.

« être considérés comme les mâles de la
« reine-abeille [1], que les abeilles se repro-
« duisent et se multiplient sans mâles. »

1. *Histoire naturelle de la reine des abeilles*,
p. 99.

DE FRANÇOIS HUBER.

Personne encore n'avait vu l'accouplement de la reine-abeille : ni Swammerdam, ni Réaumur, ni Schirach. Swammerdam en concluait que la seule vapeur des mâles suffisait à la fécondation de la reine[1]; Schirach, que les abeilles se multipliaient sans mâles ; le seul Réaumur avait cru voir un accouplement, et il s'était trompé.

Le premier qui ait constaté d'une manière sûre l'accouplement de la mère-abeille avec les bourdons, ce fait, le dernier à découvrir dans l'histoire, successivement éclaircie, de la

1. Voyez, ci-devant, page 250.

génération des abeilles, fut un naturaliste très-clairvoyant d'esprit, mais physiquement aveugle.

François Huber, cet homme, dont il semble que la destinée ait été de venir après tous les autres pour découvrir ce que les plus habiles d'entre eux n'avaient pu voir, avait perdu la vue étant encore très-jeune ; mais il ne s'était point découragé. Aidé d'abord par les yeux de sa femme, mademoiselle Lullin, et puis par un serviteur très-intelligent nommé Burnens, il continua ses études d'histoire naturelle, et se livra bientôt, tout entier, à ses recherches sur les abeilles.

Rien n'est plus délicat, rien n'est plus précis, rien n'est plus fini que les observations, que les expériences dictées ou inspirées par François Huber. Il veut déterminer quel est le véritable sexe des abeilles. Pour cela, il fait remplir une boîte vitrée d'abeilles ouvrières seules ; on examine, pendant plusieurs jours, les cellules des gâteaux qu'on leur avait donnés, et on ne tarde pas à y apercevoir des œufs nouvellement pondus, d'où sortent, avec le temps, des vers de *faux bourdons*.

Il y a donc des abeilles ouvrières qui sont *fécondes*.

Mais pour un esprit aussi rigoureux que celui d'Huber, ce n'était pas assez. Il fallait saisir, au moment de la ponte, une de ces abeilles *fécondes*. On y réussit, on s'assure que c'était bien une abeille ouvrière, on la dissèque, et l'on trouve des ovaires très-petits, très-fragiles, il est vrai, mais enfin des ovaires, et dans ces ovaires, des œufs.

Il fallait encore plus. Schirach avait créé l'art de faire des *reines-abeilles* à volonté; Huber voulut créer l'art de faire des *ouvrières fécondes* à volonté.

Réfléchissant sur l'expérience de Schirach, qui prouve que tout *ver*, destiné à devenir *abeille ouvrière*, peut être converti en *ver royal*, moyennant une certaine nourriture, il en conclut que les ouvrières, à demi-*fécondes*, devaient avoir reçu d'une façon ou d'autre, étant encore à l'état de ver, quelques parcelles de cette nourriture.

Il remarqua bientôt, en effet, qu'il ne naît jamais des abeilles capables de pondre que dans les ruches qui, ayant perdu leur reine, préparent une grande quantité de *gelée royale* pour en nourrir les vers qu'elles destinent à la remplacer. Quelques parcelles de cette *gelée*, se dit-il, seront tombées sans doute dans les cellules voisines; les vers de ces cellules en auront goûté; leurs ovaires en auront acquis une sorte de développement, mais ce développement sera resté imparfait, parce qu'ils n'auront reçu de la *nourriture royale* qu'une part très-petite.

Pour vérifier cette conjecture, Huber fait détacher d'un gâteau six cellules, prises dans le voisinage des cellules royales; il sort de ces six cellules six abeilles ouvrières; il fallait que ces six abeilles pussent toujours être reconnues; Huber fait donc peindre leur corselet d'une couleur rouge; on les met dans une ruche où l'on était sûr qu'il ne se trouvait pas de reine, et l'on ne tarde point à apercevoir des œufs, et des œufs de la seule sorte que pondent les *ouvrières fécondes*, c'est-à-

dire des œufs de *faux bourdons*, des œufs
de mâles. Mais Huber n'était pas homme
à s'arrêter là; il fallait saisir les mouches
qui pondaient : à force d'assiduité et de persévérance, on réussit enfin à en saisir une,
et il se trouva que c'était une des six qu'on
étudiait, une de celles dont le corselet avait
été peint de rouge.

« J'ai répété si souvent cette expérience, »
dit Huber, « et j'en ai pesé toutes les circon-
« stances avec tant de soin que je suis par-
« venu à faire naître des abeilles *ouvrières*
« *fécondes* dans mes ruches, toutes les fois
« que je le veux [1]. »

Les abeilles ouvrières sont donc des femelles; ces femelles sont quelquefois fécondes, et, chose singulière, elles ne pondent
jamais que des œufs de mâles, des œufs
de *faux bourdons*.

Les reines-abeilles, au contraire, produisent
des œufs des deux sortes, de mâles et de femelles; mais, pour cela, il faut qu'elles soient

1. *Nouvelles observations sur les abeilles*, p. 166.

fécondées dans les seize premiers jours après leur naissance ; car si l'accouplement est retardé au delà du vingtième jour, il n'opère plus qu'une demi-fécondité, et la reine ne pond plus que des œufs mâles.

Mais passons à quelque chose de plus difficile encore.

Venons enfin à cet accouplement qui avait échappé jusque-là aux yeux les plus perçants et les plus habiles.

Huber prend des reines dont il a suivi toute l'histoire depuis leur naissance (précaution essentielle que n'avait point eue Schirach), et que par conséquent il sait être *décidément vierges*. Il les met dans des ruches d'où il a exclu tous les mâles qui s'y trouvaient, et qui ont été disposées de façon que nul mâle nouveau n'y pût entrer. Toutes ces reines prisonnières, restées sans mâles, restent stériles. L'accouplement, la fécondation des reines est donc nécessaire.

Huber ne s'en tient pas à cette expérience; il en fait une seconde, et qui sera comme la contre-épreuve de la première. Il met des reines vierges dans des ruches remplies de mâles. Le tout est rigoureusement tenu prisonnier, et toutes les reines restent encore stériles.

Des reines *décidément vierges*, des reines surveillées et suivies dès leur naissance, restent donc stériles, soit qu'on les isole des mâles, soit que, pour parler comme Huber, on les place au milieu d'un *sérail de mâles*. Évidemment, ou l'accouplement ne se fait point, ou il se fait hors des ruches.

C'est ce qu'une expérience allait décider.

On était dans le mois de juin. Huber savait que, pendant la belle saison, les mâles sortent ordinairement des ruches à l'heure la plus chaude du jour. Si donc, se dit-il, les reines sont obligées de sortir aussi pour être fécondées, elles choisiront probablement le temps même de la sortie des mâles.

C'est ce qui ne manqua pas d'arriver. Sous la direction d'Huber, les yeux qu'on *lui prête* se fixent sur une ruche où se trouvait une jeune reine inféconde; il était onze heures du matin; bientôt les mâles sortent, et peu après

23

la reine les suit et prend son vol. Lorsqu'elle revint, elle était fécondée, et portait avec elle les signes les moins équivoques d'un accouplement ; les parties mâles du faux bourdon étaient restées dans son sein. Deux jours après elle commença à pondre.

On sent maintenant toute l'importance de ce point qu'avait négligé Schirach. Il n'avait pas tenu prisonnières *ses reines*, depuis leur naissance jusqu'à leur première sortie ; elles avaient donc pu sortir ; elles étaient sorties ; et ne fût-ce qu'un moment, elles étaient revenues fécondées.

Les reines-abeilles ne sont donc point fécondes par elles-mêmes ; elles ne le deviennent que par accouplement, par fécondation, et l'accouplement ne s'opère que hors de la ruche, que dans les airs.

Mais, quelle est la vertu, quelle est la durée, et, si je puis ainsi dire, quelle est la *portée prolifique* de cet accouplement? Huber s'est assuré qu'un seul accouplement suffit pour féconder tous les œufs qu'une reine-abeille doit pondre pendant deux ans. « J'ai

« même lieu de croire, ajoute-t-il, que ce
« seul acte suffit à la fécondation de tous les
« œufs qu'elle pondra pendant sa vie, mais
« je n'ai de preuve sûre que pour le terme de
« deux ans [1]. »

Ce nouveau et grand fait, à demi entrevu
par Réaumur, imparfaitement compris par
Schirach, rapproche les abeilles des pucerons.

On se rappelle la belle observation de Bonnet sur les pucerons. Bonnet a vu que les
femelles des pucerons peuvent donner jusqu'à
neuf générations successives sans fécondation.
Des observateurs récents ont vu ces générations sans fécondation aller jusqu'à dix, jusqu'à onze; il les ont même vues se répéter et
se prolonger pendant trois et quatre ans de
suite, par la seule précaution de placer les
insectes dans des lieux maintenus à une tem-
pérature douce et constante.

Tous les individus, ainsi produits sans fécondation, sont des *femelles*.

Cependant il arrive un moment où des

---

1. *Nouvelles observations sur les abeilles,* p. 106.

mâles sont enfin produits ; la dernière génération de l'année, la génération automnale,
donne des mâles et des femelles.

Ces mâles et ces femelles se recherchent,
s'unissent, et, cette fois-ci, ce sont des œufs
que pond la femelle. De vivipare qu'elle était
tant que le mâle n'intervenait point, elle est
devenue ovipare. Puis l'hiver passe, le printemps revient, les œufs éclosent, et les jeunes
femelles recommencent leurs générations sans
fécondation.

II

Les expériences d'Huber sur la *génération des abeilles*, dont je viens de parler, avaient été publiées en 1794, dans un volume ayant pour titre : *Nouvelles observations sur les abeilles*. Vingt ans après, en 1814, il parut un second volume. Celui-ci a pour objet les études, ou, pour mieux dire, les découvertes de l'auteur sur l'origine de la *cire*, sur ce qu'il appelle *l'architecture* des abeilles, sur les usages du *pollen*, sur ceux de la *propolis*, etc. Il faut étudier ce second volume comme nous avons étudié le premier, non sans doute pour le fond des choses qui offre un intérêt bien moins vif, mais pour l'art ingénieux des expériences, qui est toujours le même.

DE L'ORIGINE DE LA CIRE.

Réaumur croyait que la cire provenait du pollen des fleurs, élaboré par l'estomac des abeilles. « Nous avons vu, dit-il, les abeilles « occupées à construire et à polir des cellules, « nous les avons vues en composer de grands « gâteaux, sans avoir rien dit encore de la « la matière dont elles les construisent, sans « avoir dit encore comment elles font la cire « même, c'est-à-dire sans avoir expliqué en « quoi cette cire brute, qu'elles ramassent « sur les fleurs, diffère de la vraie cire, et « comment elles la convertissent en véritable « cire[1]. » — « C'est, dit-il encore, avec une

1. *Mémoires pour servir à l'histoire des insectes,* t. V, p. 403.

« espèce de pâte humide (de *bouillie*), que
« les abeilles dégorgent, qu'elles composent
« leurs cellules ; dès que cette pâte est
« sèche, et elle l'est dans un instant, elle est
« de la cire telle que notre cire ordinaire[1]. »

Réaumur écrivait cela en 1740. En 1768,
onze ans après la mort de Réaumur, et lorsque son opinion sur la formation de la cire
est devenue l'opinion générale, Wilhelmi,
pasteur à Diebsa et l'un des membres les plus
zélés de la *Société des Abeilles*, formée sous
l'inspiration de Schirach, écrit à Bonnet :
« Permettez-moi, Monsieur, d'ajouter ici un
« récit abrégé des nouvelles découvertes que
« la Société a faites. On a cru jusqu'ici que
« les abeilles rendaient la cire par la bouche,
« mais on a observé qu'elles l'effluent par les
« anneaux dont la partie postérieure de leur
« corps est formé. Pour s'en convaincre, il
« faut, avec la pointe d'une aiguille, tirer
« l'abeille de l'alvéole où elle travaille en
« cire, et l'on s'apercevra, pour peu qu'on

1. *Mémoires pour servir à l'histoire des insectes.*
t. V, p. 424.

« lui allonge un peu le corps, que la cire
« dont elle est chargée se trouve sous ses
« anneaux en forme de petites écailles[1]. » On
regrette que Wilhelmi ne nomme point l'auteur de cette belle observation. Cet homme
habile et utile est resté inconnu.

Bonnet répond : « M. de Réaumur avait
« démontré que la cire sortait de la bouche
« de l'insecte, sous la forme d'écume, et ce
« qu'il a vu et revu est chose certaine[2]. »

Voilà pourtant comme juge une tête savante, et précisément par cela même qu'elle
est savante. Le demi-savoir qu'on a n'est
souvent qu'un voile de plus jeté sur l'autre
moitié de savoir qui nous manque.

En 1792, le grand chirurgien anglais John
Hunter découvre de son côté le véritable
réservoir de la cire sous le ventre des abeilles.
« J'ai observé, dit-il, que les abeilles, qui
« habitent de vieilles ruches, où les gâteaux
« sont complets et achevés, recueillaient cette

---

1. Voyez l'*Histoire naturelle de la reine des abeilles*, de Schirach, p. 164.
2. *Ibid.*, p. 169.

« substance (la poussière des étamines) avec
« plus d'activité que celles qui habitent des
« ruches neuves où les travaux sont à peine
« commencés, ce qui serait difficile à conce-
« voir, si cette matière était la cire elle-
« même [1]. »

Et, en effet, si la cire venait de la poussière
des étamines, du *pollen*, c'est l'inverse qui
devrait avoir lieu. Ce ne serait pas pour
les vieilles ruches qui ont déjà tout ce qu'il
leur faut de cire, ce serait pour les ruches
neuves qui n'en ont point, que les abeilles
seraient *actives* à le chercher. Mais alors à
quoi sert donc le *pollen ?* A la nourriture des
petits, conjecture hardiment et heureusement
Hunter.

« Nous pouvons observer, dit-il, que, lors-
« qu'on place des abeilles dans une ruche
« neuve, elles passent bien deux ou trois
« jours sans rapporter aucune pelote sur
« leurs jambes, et ce n'est qu'après cet inter-
« valle de temps qu'elles en vont chercher.

1. Voyez l'extrait du Mémoire de John Hunter, placé
à la fin du second volume d'Huber, p. 471.

« Pourquoi? Parce que, pendant ces trois pre-
« miers jours, elles ont eu le temps de bâtir
« quelques cellules où elles puissent déposer
« cette substance en magasin, que quelques
« œufs ont été pondus, et que, lorsqu'ils se-
« ront éclos, les vers qui en sortiront auront
« besoin de cette nourriture qui se trouvera
« toute prête [1]. »

On ne pouvait observer avec plus de sagacité, ni conclure plus justement.

« La cire est formée, » continue John Hunter, « par les abeilles elles-mêmes ; on peut
« l'appeler une sécrétion d'huile à l'extérieur ;
« j'ai trouvé qu'elle s'opérait sous chaque
« segment de la partie inférieure de l'abdo-
« men. La première fois qu'en examinant
« une abeille ouvrière j'observai cette sub-
« stance, j'étais embarrassé à déterminer ce
« que je voyais ; je me demandai à moi-
« même si c'étaient de nouvelles écailles qui
« se formaient et si elles rejetaient les an-
« ciennes à la manière des écrevisses ; mais

1. Voyez l'extrait du Mémoire de John Hunter, etc.,
p. 471.

« ensuite je reconnus bien distinctement
« qu'on ne voyait cette substance qu'entre
« les écailles sous le ventre. En examinant
« les ouvrières dans les ruches vitrées pen-
« dant qu'elles grimpaient sur les parois in-
« térieures du verre, je pouvais voir que la
« plupart d'entre elles avaient cette sub-
« stance ; il me semblait que le bord infé-
« rieur et postérieur des écailles était double
« ou qu'il y avait de doubles écailles ; mais
« en même temps je constatai que cette sub-
« stance ne tenait pas fixement, qu'elle était
« comme détachée. » — « Ayant trouvé, »
dit-il enfin, « que la matière rapportée sur
« les jambes des abeilles n'était que la pous-
« sière des étamines, qu'elle était, suivant
« toute apparence, destinée à la nourriture
« des vers et non point à la formation de la
« cire, et n'ayant jusqu'ici aperçu aucune
« chose qui pût me donner l'idée de ce qu'est
« la cire même, je conjecturai que ces écailles
« pouvaient en être ; j'en plaçai plusieurs sur
« la pointe d'une aiguille, que j'approchai
« de la flamme d'une bougie ; elles se fondi-

« rent et formèrent un globule. Je ne doutai
« plus alors que ce ne fût de la cire, et
« je m'en assurai d'une manière plus po-
« sitive encore en vérifiant qu'on ne trouve
« jamais de ces écailles que dans la sai-
« son où les abeilles construisent leurs gâ-
« teaux[1]. »

Voilà ce qu'a fait Hunter ; et c'est de ce
point qu'Huber est parti. Il a vu, comme
Hunter, les plaques de cire sous les anneaux
de l'abdomen, et il a vu, de plus, l'organe
nouveau, les petits follicules qui sécrètent ces
plaques ; mais il n'a vu ces plaques et ces
follicules ni sous les anneaux des mâles ni
sous les anneaux des reines ; les abeilles ouvrières possèdent donc seules la faculté de
sécréter la cire.

Huber a vu, enfin, comment se forment
les plaques ou lames de cire, c'est-à-dire,
comment, étant retenues à la surface des
aires membraneuses, que présente le dessous
de chaque segment, par la portion du segment

---

1. Voyez l'extrait du Mémoire de John Hunter, etc.,
p. 473.

précédent qui les recouvre, elles prennent la forme même de ces aires [1].

Passons aux expériences. Le premier point était de déterminer le rôle positif du *pollen* dans la formation de la cire. Nous avons vu l'observation très-fine, il est vrai, mais aussi très-restreinte, de John Hunter. Il fallait quelque chose de plus; il fallait des expériences directes, pleines, entières, faites à dessein et un peu en grand.

Huber loge un essaim, nouvellement sorti de la ruche mère, dans une ruche vide avec une provision de miel et d'eau pour la nourriture des abeilles; puis, il ferme les portes de la ruche avec soin pour qu'aucune abeille n'en puisse sortir. Il ne laisse de passage

1. C'est ce qu'Huber appelle les *petites poches* où se moulent les lames de cire. « Les *aires membraneuses* « de chaque segment... sont entièrement couvertes par « le bord du segment précédent, et forment avec lui de « petites poches ouvertes seulement par le bas. Les « lames de cire ont absolument la forme des aires « membraneuses sur lesquelles elles sont placées. Il « n'y en a que huit sur chaque individu; car le pre- « mier et le dernier anneau, conformés différemment « des autres, n'en fournissent point. » T. II, p. 44.

libre que pour le renouvellement de l'air.

Voilà donc des abeilles privées de tout *pollen;* elles n'en font pas moins de la cire. « La ruche, qui ne contenait pas un atome « de cire lorsque nous y établîmes les abeilles, « avait acquis dans l'espace de cinq jours, » dit Huber, « cinq gâteaux de la plus belle « cire [1]. »

Mais, dira-t-on peut-être, les abeilles, actuellement captives, avaient été libres; elles ont donc pu recueillir alors du *pollen*, et par conséquent en avoir retenu assez dans leur estomac pour en extraire, plus tard, toute la cire qu'elles ont produite.

Assurément, cela n'est point impossible; mais on conviendra bien aussi que cette source de *pollen* ne saurait être inépuisable. Huber prolonge donc l'expérience, c'est-à-dire l'emprisonnement des *mêmes abeilles* et la même privation de *pollen*. Il fait plus; il leur ôte toute la cire qu'elles venaient de produire. Trois jours après, il y en avait tout autant

1. T. II, p. 58.

dans la ruche. On leur enleva jusqu'à cinq fois, l'une après l'autre, cette cire qu'elles s'obstinaient à faire sans *pollen,* et toujours elles en refirent.

Il ne manquait plus qu'une expérience inverse. Au lieu de nourrir les abeilles captives avec du miel, on les nourrit avec du *pollen ;* et, dès ce moment, elles ne firent plus de cire.

C'est donc du *miel,* et non du *pollen,* que les abeilles tirent les matériaux requis pour la production de la cire qu'elles sécrètent. Elles tirent ces matériaux du miel ; elles les tirent aussi du sucre. Trois essaims, mis en comparaison, furent nourris, l'un avec du miel, l'autre avec du sucre réduit en sirop, le troisième avec de la cassonade. Les abeilles des trois essaims produisirent de la cire. Les deux essaims, nourris, soit avec le sucre, soit avec la cassonade, en donnèrent même plus tôt et plus abondamment que l'essaim nourri avec du miel.

DES USAGES DU POLLEN.

Les expériences précédentes nous ont appris que le *miel* suffit à la production de la cire et que le *pollen* n'y sert point. Mais alors à quoi sert-il donc? A la nourriture des petits, avait dit John Hunter. L'habileté d'Huber dans l'art des expériences va transformer cette conjecture en démonstration.

Dans les expériences précédentes où il ne s'agissait que d'un seul point, savoir si le miel suffit, ou non, à la production de la cire, on ôtait aux abeilles captives toute la cire qu'elles produisaient à mesure qu'elles la produisaient. Si on leur eût laissé leurs gâteaux, leurs rayons de cire, la reine aurait pondu dans les cellules de ces rayons, et la question de l'*origine de la cire* se serait compliquée de celle de la *nourriture des petits*. Il valait mieux traiter ces deux questions l'une après l'autre.

La question actuelle est celle de la *nourriture des petits*. Le miel suffit-il à leur nourriture? Pour le savoir, il fallait placer dans une ruche, pourvue de miel et d'eau, des abeilles avec des *gâteaux* et du *couvain*, et il fallait ensuite tenir ces abeilles soigneusement renfermées, pour qu'elles ne pussent pas aller dans les champs recueillir du *pollen*.

Les deux premiers jours, les abeilles continuèrent à prendre soin des petits; mais, dès le troisième, le couvain était abandonné, et les abeilles, toutes les abeilles de la ruche se précipitaient vers la porte pour sortir. On les retint encore pendant deux jours, malgré leur impatience toujours croissante. On leur ouvrit enfin le cinquième. Aussitôt, l'essaim tout entier s'envola. On profita de ce moment pour examiner les cellules de leurs gâ-

teaux; ces cellules étaient désertes : point de
couvain, pas un atome de bouillie; tous les
vers étaient morts de faim. En supprimant le
pollen, on avait ôté aux abeilles tout moyen
de les nourrir.

Que fallait-il encore ? Il fallait confier aux
mêmes ouvrières d'autre couvain à soigner,
et, cette fois-ci, leur accorder du *pollen* avec
abondance. C'est ce qu'on fit; et l'on vit
aussitôt les abeilles se jeter avidement sur le
pollen, s'en gorger en quelque sorte et le
porter à leurs nourrissons.

Rien n'est donc plus indépendant, plus distinct, en soi, que la *production* de la cire et
le *nourrissage* des petits ; mais voici quelque
chose de plus décisif encore : c'est qu'il y a
deux variétés, deux *races* d'abeilles, une
race pour chaque fonction : les unes destinées à produire la cire, Huber les appelle
les abeilles *cirières*; et les autres destinées à
soigner les petits, Huber les nomme les abeilles *nourrices*.

« Mes observations, dit Huber, sont fon-
« dées sur un fait assez remarquable qui n'a

« point été connu de mes devanciers ; c'est
« qu'il existe deux espèces d'ouvrières dans
« une même ruche ; les unes, susceptibles
« d'acquérir un volume considérable lors-
« qu'elles ont pris tout le miel que leur es-
« tomac peut contenir, sont destinées à l'é-
« laboration de la cire ; les autres, dont
« l'abdomen ne change pas sensiblement de
« dimension, ne prennent ou ne gardent que
« la quantité de miel qui leur est nécessaire
« pour vivre, et font part à l'instant à leurs
« compagnes de celui qu'elles ont récolté ;...
« leur fonction particulière est de soigner les
« petits [1]. »

Pour observer plus sûrement leur con-
duite, Huber peint de couleurs différentes les
abeilles de l'une et de l'autre classe, et il ne
les voit point changer de rôle. Dans un autre
essai il donne aux abeilles d'une ruche, privée
de reine, du couvain et du pollen ; et il voit.
aussitôt les petites abeilles, c'est-à-dire les
abeilles *nourrices*, s'occuper de la nourriture

1. T. II, p. 66.

des larves, tandis que les *cirières* n'en prennent aucun soin [1].

« On croit peut-être, dit Huber, que lors-
« que la campagne ne fournit pas de miel les
« abeilles *cirières* peuvent entamer les pro-
« visions dont la ruche est pourvue; mais il
« ne leur est pas permis d'y toucher; une
« partie du miel est renfermée soigneusement,
« les cellules où il est déposé sont garnies
« d'un couvercle de cire qu'on n'enlève que
« dans les besoins extrêmes, et lorsqu'il n'y
« a aucun moyen de s'en procurer ailleurs;
« on ne les ouvre jamais pendant la belle
« saison; d'autres réservoirs, toujours ou-
« verts, fournissent à l'usage journalier de la
« peuplade; mais chaque abeille n'y prend
« que ce qui lui est absolument nécessaire
« pour satisfaire au besoin présent [2]. »

Que dirait ici Fontenelle, lui qui disait déjà
à propos du Mémoire de Maraldi : « Quelque

---

1. Les *petites abeilles* produisent aussi de la cire,
mais toujours en quantité bien moindre que les véritables cirières.

2. T. II, p. 68.

« ancienne et quelque établie que soit la ré-
« putation des abeilles, on ne les croyait
« point encore aussi parfaites qu'elles le sont,
« et on peut dire d'elles ce qu'on dit quel-
« quefois des personnes de mérite, qu'elles
« gagnent à être connues[1]. »

1. *Mémoires de l'Académie des sciences,* année
1712, p. 5.

DE L'ARCHITECTURE DES ABEILLES.

Nous avons vu que les abeilles sécrètent la cire par les follicules placés sous les anneaux inférieurs de leur abdomen. Or, c'est avec la cire qu'elles construisent leurs gâteaux ; c'est dans ces gâteaux qu'elles creusent leurs cellules. « On suppose peut-être, dit Huber, que « les abeilles sont pourvues d'instruments « analogues aux angles de leurs cellules, car « il faut bien expliquer leur géométrie de « quelque manière ; ces instruments ne sont « pourtant que leurs dents, leurs pattes et « leurs antennes ; et, ajoute Huber, il n'y a « pas plus de rapport entre la forme des dents

« des abeilles qu'entre le ciseau du sculpteur
« et l'ouvrage qui sort de ses mains[1]. »

Comment donc les abeilles taillent-elles le
fond pyramidal de leurs cellules, leurs facettes
en losanges, leurs prismes composés de tra-
pèzes? Comment, en un mot, travaillent-
elles *géométriquement* sans aucun instrument
de géométrie? « On pourrait bien former, » dit
Huber, « sur toutes ces merveilles d'ingé-
« nieuses conjectures ; mais on ne devine
« point les procédés des insectes, il faut les
« observer[2] ! » — « On a pu juger, » continue-t-il, « par les hypothèses d'un auteur
« célèbre, combien les connaissances les plus
« étendues et l'imagination la plus brillante
« sont insuffisantes, sans le secours de l'ob-
« servation, pour expliquer, d'une manière
« plausible, l'art avec lequel les abeilles con-
« struisent leurs cellules[3]. » *L'auteur célèbre,*
et à l'*imagination brillante,* c'est Buffon.
Chacun le reconnaît et se rappelle aussi l'idée

1. T. II, p. 87.
2. T. II, p. 85.
3. T. II, p. 86.

bizarre de ce grand esprit, voulant expliquer, par la forme que prennent sous une *pression réciproque* des pois qu'on fait bouillir dans un vase clos, la forme hexagone des cellules des abeilles, également produite, selon Buffon, par une *pression réciproque*.

Huber nous apprend donc comment l'abeille tire les plaques de cire de dessous les arceaux de son abdomen au moyen de la pince que forme avec la jambe le premier article du tarse, comment elle les porte à sa bouche, comment elle les rompt avec le bord tranchant de ses mandibules ; comment elles les hache, les broie, les enduit d'une liqueur écumeuse, blanchâtre ; et comment enfin cette cire, si patiemment et si activement préparée, est appliquée contre la voûte de la ruche, travail pour lequel l'*abeille fondatrice* (c'est le nom qu'Huber donne à l'abeille qui a posé le premier bloc et, si l'on peut ainsi dire, la *première pierre* de l'édifice) est bientôt aidée par toutes les autres.

Le travail des *fondements* achevé, le travail des *cellules* commence, et lorsque certaines abeilles ont mis, chacune pour ce qui la concerne, la dernière main à l'œuvre, on en voit d'autres qui viennent, qui entrent dans chaque alvéole, pour en polir, pour en raboter les parois, etc., etc. — Comme nous sommes loin de Buffon, de ses *pois bouillis* et de sa *pression réciproque !*

Ne voit-on pas, guidé par Huber, tout le merveilleux édifice se faire pièce par pièce, morceau par morceau, et, si on l'ose dire, *conception* par *conception?* « Si l'ouvrier, » dit très-bien Huber, « n'a pas un modèle d'après « lequel il opère; si le patron sur lequel il « taille chaque pièce n'est pas hors de lui- « même et de nature à frapper ses sens, il « faut admettre en lui quelque chose d'intel- « lectuel qui dirige ses opérations[1]. »

Le mot *intellectuel* paraîtra hardi; mais ici il ne s'agit pas de termes définis et de sens précis; et certainement l'animal tire de lui-même, de son *sensorium,* de sa *tête,* tout ce qu'il met d'industrieux dans son œuvre.

1. T. II, p. 96.

« On ne peut se faire d'idée claire de l'instinct
« qu'en admettant, » dit avec un sens profond Georges Cuvier, « que ces animaux (les
« *abeilles*, les *guêpes*, etc.) ont dans leur
« sensorium des images ou sensations innées
« et constantes qui les déterminent à agir
« comme les sensations ordinaires et acci-
« dentelles déterminent communément. C'est
« une sorte de rêve ou de vision qui les
« poursuit toujours; et, dans tout ce qui a
« rapport à leur instinct, on peut les regarder
« commes des espèces de somnambules[1]. »

1. Le *règne animal*, t. I, p. 45 (2ᵉ édition).

DES USAGES DE LA PROPOLIS.

La *propolis* est une substance résineuse que les abeilles emploient pour enduire les parois de leur ruche. On savait cela, mais on ignorait que les abeilles fissent servir cette résine à d'autres usages que celui-là.

On savait encore que la *propolis* appartient au règne végétal; mais à quels végétaux, à quels arbres? Sous l'inspiration d'Huber, « on a pris, comme il dit, les abeilles sur « le fait[1] »; on les a vues recueillir le suc visqueux, rougeâtre et odorant, dont sont

1. T. II, p. 259.

enduits et remplis les gros boutons du peu-
plier sauvage ; on s'est assuré de l'identité
de ce suc avec la matière de la *propolis;*
on a vu les abeilles, toujours *prises sur le
fait*, se partager les divers rôles que demande, en certains temps, l'emploi de la *propolis :* les unes revenant de la campagne
chargées de cette substance, les autres s'oc-
cupant à les en décharger ; d'autres se hâtant
de l'étendre comme un vernis avant qu'elle
soit durcie, ou bien d'en former des cordons
proportionnés aux interstices des parois
qu'elles veulent mastiquer ; quelques-unes se
livrant à l'art plus délicat d'appliquer la *propolis* dans l'intérieur des alvéoles ; d'autres
enfin mêlant des fragments de vieille cire
avec la *propolis* et pétrissant ensemble ces
deux substances pour en faire un amalgame
plus solide, plus consistant, plus propre à ré-
sister au poids quelquefois trop lourd de leurs
rayons et de leurs gâteaux [1].

1. Réaumur blâme Pline d'avoir dit que « les abeilles
« se servent de *propolis* comme de colle pour attacher
« les gâteaux à la ruche. » *(Mémoires pour servir à*

Le travail de la *propolis* est un travail
presque aussi étonnant que celui de la cire
même, et, avant Huber, à peu près inconnu
des naturalistes.

l'histoire des insectes, t. V, p. 442.) Chose curieuse!
Voilà Pline justifié par Huber : « Et vitium populo-
« rumque mitiore gummi propolis, crassioris jam ma-
« teriæ, additis floribus, nondum tamen cera, sed
« favorum stabilimentum, quà omnes frigoris aut inju-
« riæ aditus obstruuntur. » (Pline, liv. xi.)

NOUVELLE CONFIRMATION
DE LA DÉCOUVERTE DE SCHIRACH.

A la nouvelle de la découverte de Schirach, tous les savants se récrièrent, comme nous avons vu [1], et aucun ne crut.

Bonnet, devenu le maître des études sur les insectes depuis la mort de Réaumur, écrivait à un membre de la *Société des abeilles :* « Je ne puis vous dissimuler que votre sa- « vante Société se décréditerait entièrement « auprès des vrais naturalistes, si elle sem- « blait adopter l'idée de M. Schirach, que « chaque abeille ouvrière peut, par un plus

1. Ci-devant. p. 263.

« haut degré de développement des organes
« préformés, devenir une mère... Une con-
« jecture aussi étrange choque directement
« tout ce que nous connaissons de plus cer-
« tain de l'organisation extérieure et inté-
. « rieure des abeilles[1]. »

Dans un moment de réflexion plus libre,
Bonnet invita Huber à répéter les expériences
de Schirach. Huber le fit, et nous avons vu
avec quel succès. Cependant Huber n'était
point satisfait. Il sentait que, pour ne laisser
aucune prise au doute sur un sujet aussi important, il ne suffisait pas d'avoir retrouvé
les organes femelles dans quelques abeilles
ouvrières plus ou moins favorisées par les
circonstances, mais qu'il fallait les retrouver
dans toutes. Il reprit donc ses premières
recherches avec une nouvelle ardeur, et
bientôt il en fut payé par une découverte
des plus singulières, celle de ses *abeilles
noires*.

1. *Histoire naturelle de la reine des abeilles*,
p. 164.

En 1809, il avait remarqué quelque chose
de particulier dans la manière dont certaines
abeilles étaient traitées par leurs compagnes.
Celles-ci les expulsaient de la ruche commune;
et, après les en avoir exclues, elles les empê-
chaient d'y rentrer. Cependant les individus
proscrits ne différaient des autres que par la
couleur; ils avaient moins de duvet sur le
corselet et sur l'abdomen, ce qui les faisait
paraître plus noirs; et voilà tout. A quoi
pouvait tenir une aversion aussi profonde,
et qui alla au point que les abeilles communes finirent par exterminer toutes les
abeilles noires?

Huber revit les mêmes faits en 1811 et
1812. Enfin, il soupçonna que les abeilles
noires pouvaient bien être de véritables femelles, « lesquelles, dit-il, donnaient de
« l'inquiétude aux abeilles relativement à
« leur reine, et que c'était peut-être pour
« mettre celle-ci à l'abri de ses rivales
« qu'elles les expulsaient de son habitation[1]. »

1. *Nouvelles observations sur les abeilles*, t. II,
p. 431.

Il fallait vérifier cette conjecture, et, pour cela, il n'y avait qu'un moyen; c'était de disséquer, et avec un soin tout particulier, les *abeilles noires*. Mais où trouver un anatomiste assez habile pour une dissection aussi fine et aussi délicate? Où trouver un nouveau Swammerdam? Huber trouva tout ce qu'il pouvait désirer; mais comment? et dans qui? Je le laisse dire à Huber lui-même. « Je n'avais auprès de moi et dans « ma famille personne d'assez exercé dans « l'art difficile de la dissection pour remplir « mes vues; ces recherches exigeaient des « connaissances très-étendues et une dexté- « rité particulière; mais je me rappelais avec « gratitude tout ce que je devais déjà à l'ami- « tié et à la complaisance d'une jeune per- « sonne également distinguée par la réunion « des qualités les plus rares, des vertus les « plus touchantes et par des talents supé- « rieurs, qui, donnant à ses facultés la « direction la plus analogue aux goûts d'un « père chéri auquel plus d'une science est re- « devable, avait consacré à l'histoire natu-

« relle son temps et tous les dons qu'elle
« avait reçus de la nature : aussi habile à
« peindre les insectes et leurs parties les
« plus délicates qu'à découvrir le secret de
« leur organisation, rivale à la fois des Lyon-
« net et des Mérian[1]... »

Voilà dans quels termes Huber annonce
le concours de mademoiselle Jurine[2] ; et ces
termes n'ont certainement rien d'exagéré.

Mademoiselle Jurine se mit donc à l'œuvre,
et bientôt elle eut découvert, dans les
abeilles noires, deux ovaires parfaitement
distincts et tout à fait analogues à ceux des
reines. Ce n'était pourtant là qu'un commencement, et cette première découverte devait mener à une plus importante ; mademoiselle Jurine finit par découvrir, dans
toutes les *abeilles ouvrières*, sans aucune

1. T. II, p. 432.
2. Fille de Louis Jurine, médecin et naturaliste de
Genève, connu par quelques travaux estimables de physique, de médecine et d'histoire naturelle. Il était né
en 1751 et mourut en 1819, ayant perdu cette jeune fille
si distinguée, dont Huber nous fait ici un si noble
éloge.

exception, ce signe caractéristique du sexe femelle, ces deux ovaires qui avaient échappé au scalpel et au microscope du grand Swammerdam. Une jeune fille devait aller plus loin que les Swammerdam et les Réaumur!

Tout était donc résolu, et l'était définitivement. Puisque les *abeilles ouvrières* sont toutes femelles, elles sont donc toutes du même sexe que la reine; elles peuvent donc toutes pondre des œufs comme elle.

Et de combien de difficultés, de combien d'obscurités, la science n'était-elle pas enfin débarrassée! Plus d'*individus sans sexe*, plus de *neutres* (mot qui physiologiquement n'a aucun sens), mais seulement des femelles plus ou moins développées; plus d'œufs spéciaux, plus de *vers royaux*, mais seulement des vers diversement nourris; en un mot, deux seuls sexes tranchés : des mâles et des femelles; et deux seules sortes d'œufs, également tranchées : des œufs femelles et des œufs mâles.

DE FRANÇOIS HUBER.

Après avoir tant parlé des travaux d'Huber, je crois devoir dire un mot d'Huber lui-même.

François Huber était né à Genève le 2 juillet 1750.

Son père, Jean Huber, était un homme d'esprit, que distinguaient des talents aimables : musicien, peintre, sculpteur, « il « excellait tellement dans l'art des décou-« pures de paysage, dit M. de Candolle, « qu'il semble avoir créé ce genre[1]. » Jean

---

1. Voyez l'excellente *Notice* de M. de Candolle sur François Huber (*Bibliothèque universelle de Genève,* xviie année, p. 188).

Huber visitait souvent Ferney, et le maître du lieu le goûtait beaucoup. « Puisque vous « avez vu M. Huber, écrit Voltaire à Mme Du « Deffant, il fera votre portrait; il vous « peindra en pastel, à l'huile, en *mezzo-* « *tinto*, il vous dessinera sur une carte avec « des ciseaux, le tout en caricature. C'est « ainsi qu'il m'a rendu ridicule d'un bout de « l'Europe à l'autre. Mon ami Fréron ne me « caractérise pas mieux pour réjouir ceux « qui achètent ses feuilles [1]. »

Jean Huber avait tellement l'habitude de faire le portrait de Voltaire en découpant une carte, qu'il le faisait, dit-on, les mains derrière le dos. On raconte même qu'il s'amusait à faire ronger par son chien un morceau de pain de telle sorte que ce qui restait était le profil de Voltaire [2].

Le jeune Huber avait hérité de tous les goûts heureux de son père, entre lesquels il faut compter le goût pour l'histoire naturelle.

1. Lettre du 10 août 1772.
2. Voyez l'édition de Voltaire par Beuchot, t. LXXII, p. 506.

On a, de Jean Huber, un volume intitulé :
Observations sur le vol des oiseaux de proie.
Tout fut précoce chez le jeune Huber : la
passion de l'étude surtout. A dix-sept ans, il
perdit la vue; mais, avant de se fermer, ses
yeux avaient rencontré ceux de Mlle Lullin;
les deux jeunes gens s'aimèrent, et l'infortune
de l'un ne détourna pas l'autre de l'union
qu'on s'était promise. Mlle Lullin, devenue
l'épouse d'un mari aveugle, fut à la fois sa
lectrice, son secrétaire, son collaborateur;
elle faisait des observations pour lui; et ce
dévouement généreux et délicat a duré qua-
rante ans, tant qu'a duré la vie de cette
femme supérieure et excellente. Son mari,
faisant allusion à sa petite taille, disait d'elle :
mens magna in corpore parvo. Après qu'il
l'eut perdue, on l'entendit souvent répéter :
« Tant qu'elle a vécu, je ne m'étais pas
« aperçu du malheur d'être aveugle[1]. »

Voici comment il parle des secours qu'il
avait reçus du serviteur intelligent qui *voyait*

1. Voyez la *Notice* de M. de Candolle, déjà citée.

pour lui : « En publiant mes observations sur
« les abeilles, je ne dissimulerai point que
« ce n'est pas de mes propres yeux que je les
« ai faites. Par une suite d'accidents mal-
« heureux, je suis devenu aveugle dans ma
« première jeunesse; mais j'aimais la science
« et je n'en perdis pas le goût en perdant
« l'organe de la vue. Je me fis lire les meil-
« leurs ouvrages sur la physique et l'histoire
« naturelle; j'avais pour lecteur un domes-
« tique (François Burnens, né dans le pays
« de Vaud), qui s'intéressait singulièrement à
« tout ce qu'il me lisait; je jugeai assez vite
« par ses réflexions sur nos lectures, et par
« les conséquences qu'il savait en tirer, qu'il
« les comprenait aussi bien que moi et qu'il
« était né avec les talents d'un observateur...
« La suite de mes lectures m'ayant conduit
« aux beaux mémoires de M. de Réaumur
« sur les abeilles, je trouvai dans cet ouvrage
« un si beau plan d'expériences, des obser-
« vations faites avec tant d'art, une logique
« si sage que je résolus d'étudier particulière-
« ment ce célèbre auteur, pour nous former,

« mon lecteur et moi, à son école dans l'art
« si difficile d'observer la nature. Nous com-
« mençâmes à suivre les abeilles dans les ru-
« ches vitrées, nous répétâmes toutes les
« expériences de M. de Réaumur, et nous
« obtînmes les mêmes résultats, lorsque nous
« employâmes les mêmes procédés. Cet ac-
« cord de nos observations me fit un extrême
« plaisir... Enhardis par ce premier essai,
« nous tentâmes de faire sur les abeilles des
« expériences entièrement neuves... ; et nous
« eûmes le bonheur de découvrir des faits
« remarquables qui avaient échappé aux
« Swammerdam, aux Réaumur et aux Bon-
« net... »

Je tire ces lignes de la préface du premier
volume d'Huber, volume publié en 1794.
Je trouve encore, dans la préface du second
volume publié en 1814. quelques expressions
naïves du *plaisir extrême* et du *bonheur*
qu'avait éprouvés notre observateur aveugle.
« Je crois pouvoir me flatter d'avoir obtenu
« la confiance de mes lecteurs ; mes observa-
« tions ont paru rendre raison de plusieurs

« phénomènes qu'on n'avait point encore
« expliqués ; les auteurs de quelques ouvrages
« sur l'économie des abeilles les ont com-
« mentées ; la plupart des cultivateurs ont
« entièrement adopté, pour base de leur pra-
« tique, les principes dont j'ai reconnu la
« certitude ; et les naturalistes eux-mêmes
« n'ont point vu, sans quelque intérêt, mes
« efforts pour percer le double voile qui en-
« veloppe, à mon égard, les sciences natu-
« relles. » Cette expression, le *double voile*,
est une expression toute à lui et bien tou-
chante.

Le second volume des *Observations sur les
abeilles* est en grande partie l'œuvre de Pierre
Huber, fils de François Huber, aussi célèbre
par l'*Histoire des fourmis* que son père
l'est et le sera toujours par l'*Histoire des
abeilles*.

« Je suis bien plus sûr, » disait un jour
François Huber, à M. de Candolle, « de ce
« que je raconte que vous ne l'êtes vous-
« même, car vous publiez ce qu'ont vu vos
« yeux seuls, et moi je prends la moyenne

26.

« entre plusieurs témoignages. » Ce mot
peint le procédé philosophique de son esprit,
d'un *esprit d'aveugle*.

Le mot suivant peint la bonté de son cœur :
« Une chose que je n'ai jamais pu apprendre, »
disait-il, « c'est à désaimer. »

Il mourut le 22 décembre 1831, âgé de
quatre-vingt-un ans.

DES TRAVAUX RÉCENTS SUR LES ABEILLES.

Nous avons vu que la reine-abeille ne s'accouple jamais dans la ruche, mais seulement
au dehors et à une grande hauteur dans
les airs. La découverte de ce fait a été
l'une des plus belles de notre aveugle si
perspicace.

Cependant une reine vierge, privée du
libre usage de ses ailes soit par mutilation,
soit par vice de naissance, une reine vierge,
en un mot, qui ne peut voler, peut *pondre*.
C'est ce qu'a vu M. Dzierzon, pasteur à
Carlsmark, en Silésie; c'est ce qu'ont revu,

après lui, plusieurs autres observateurs.

Comment cela se peut-il faire?

M. Dzierzon l'explique par la différence des œufs que pond une reine. Elle en pond de deux sortes, comme nous avons vu : de mâles et de femelles. Or, selon M. Dzierzon, les œufs femelles sont ceux qui ont reçu le contact de la liqueur fécondante, et les œufs mâles ceux qui ne l'ont pas reçu. Une reine qui n'a pas été fécondée ne pond que des œufs mâles.

On se rappelle que les ouvrières qui *pondent* ne donnent aussi que des œufs mâles.

Mais, ce n'est pas tout. Selon M. Dzierzon, la reine abeille peut, à volonté, produire des œufs mâles ou des œufs femelles; et l'un des plus habiles physiologistes d'Allemagne, M. Siebold, a trouvé qu'en effet l'oviducte de la reine-abeille est pourvu de *muscles volontaires*, lesquels, agissant ou non, opèrent ou n'opèrent pas la compression du réservoir qui, dans les insectes femelles, reçoit et retient la liqueur du mâle. La compression de

ce réservoir fait que les œufs ne peuvent passer sans être fécondés; la non-compression
les laisse passer sans qu'ils le soient.

Enfin, il y a plusieurs *variétés*, plusieurs
races d'abeilles. Une des plus caractérisées est
l'abeille ligurienne, l'*apis ligurica*, dont
parle Virgile et qu'il recommande comme la
meilleure de toutes [1]. Sa *couleur rousse* la distingue nettement des abeilles allemandes, qui
sont comparativement *noires*. Ces deux races
d'abeilles se mêlent et donnent des métis,
mais avec cette circonstance très-singulière,
que, lorsqu'une reine italienne s'unit à un
mâle allemand, *tous les mâles sont unique-*
ment de la race italienne pure, et que lorsqu'au contraire une reine allemande s'unit à
un mâle italien, *tous les mâles sont unique-*
ment de la race allemande.

Sur quoi M. Dzierzon triomphe. « Le père
« ne fournit donc rien, dit-il, à la progéniture

---

1. Alter erit maculis auro squalentibus ardens.
   Nam duo sunt genera; hic melior, insignis et ore,
   Et rutilis clarus squamis...

   (*Géorgiques*, liv. IV.)

« mâle, ou plutôt la progéniture mâle n'a
« pas de père, et provient uniquement de la
« mère [1]. »

Mais cela est-il décidément prouvé? Rien
n'est décidément prouvé que lorsqu'on est
arrivé au bout. Si Bonnet se fût arrêté à la
sixième, ou septième, ou huitième génération des pucerons, il aurait cru que les pucerons produisaient sans fécondation. Si
Huber se fût arrêté aux mesures incom-
plètes de Schirach pour s'assurer de la vir-
ginité de la reine, il aurait cru, comme
l'avait cru Schirach, que l'abeille produisait
sans fécondation.

Toujours est-il qu'un fait inattendu se présente ici, et qui, s'il était prouvé, serait de la
plus haute importance : une *pondaison spontanée* produirait des êtres doués de puissance fécondatrice, *des mâles*, sans avoir été
précédée elle-même de fécondation. Avec le
travail de M. Dzierzon, un nouveau champ

1. Voyez, dans les *Annales des sciences naturelles*,
l'analyse du mémoire de M. Siebold, intitulé : *Recherches sur la parthénogénèse*. Année 1856, p. 194.

s'ouvre ; et, avant qu'il soit clos, il s'en
sera ouvert d'autres : « Les différentes vues
« de l'esprit humain sont presque infinies, »
a dit Fontenelle, « et la nature l'est véri-
« tablement. »

FIN DE LA TROISIÈME PARTIE.

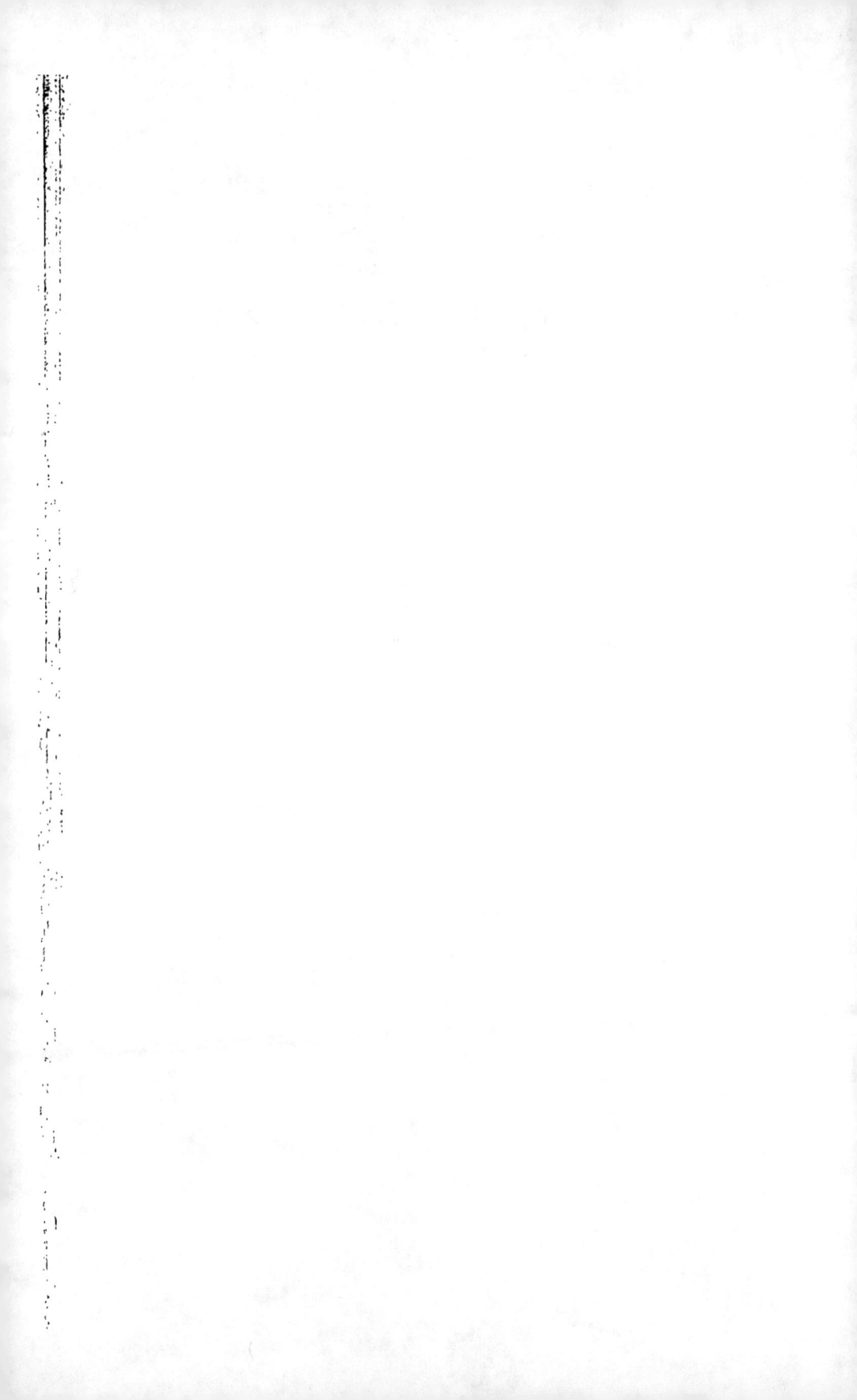

FRÉDÉRIC CUVIER.

Je ne puis terminer ce volume sans rappeler l'homme excellent à qui j'en ai dû l'inspiration. J'avais beaucoup connu F. Cuvier ;
je voyais avec peine que ses belles observations, restées éparses, couraient le risque de
n'être pas assez connues ; je me fis un devoir
de les réunir : la première édition de cet
ouvrage avait pour titre : *Résumé analytique
des observations de F. Cuvier sur l'instinct
et l'intelligence des animaux.*

Frédéric Cuvier, membre de l'Académie

des sciences et frère de Georges Cuvier, naquit à Montbéliard le 28 juin 1773.

Dès qu'il fut en âge d'entrer au collége, il y suivit son frère[1]. Les études abstraites le fixèrent peu : dès lors son esprit le portait aux études d'observation.

Vers 1800, G. Cuvier, déjà célèbre par des travaux d'un ordre supérieur, l'appela à Paris.

Il était impossible de vivre auprès d'un tel homme, d'y vivre journellement, dans l'intimité fraternelle, sans partager ses goûts, sans se laisser aller à l'impulsion puissante de son génie.

G. Cuvier commençait alors sa grande collection d'anatomie comparée. Il voulut en avoir le catalogue ; et c'est à son frère qu'il le demanda.

Telle fut l'occasion des deux premiers écrits de notre nouveau naturaliste : son Mémoire sur les *diverses races de chiens domestiques* [2],

1. Plus âgé que lui de quatre ans.
2. Voyez ce que j'en ai dit, p. 124.

et son Traité sur *les dents des mammifères*[1].

Peu à peu des écrits d'un caractère plus élevé succédèrent à ceux-là : son article sur *l'instinct*[2], ses mémoires sur la *sociabilité*[3], sur la *domesticité*[4] des animaux, sur *l'habitude*[5], sa grande *Histoire naturelle des mammifères*[6], ouvrage le plus important sur cette matière qui ait paru depuis Buffon, etc., etc.

Chargé, en 1804, de la ménagerie du Jardin des Plantes, il fit, du soin de cette ménagerie, l'occupation de tous ses moments ; et là, entouré sans cesse des animaux dont il épiait les instincts avec une ingénieuse sagacité, il fut au milieu de Paris ce que G. Leroy voulait que son naturaliste fût au milieu des bois[7]. Trente années de cette vie lui valurent

1. Voyez ce que j'en ai dit, p. 165.
2. *Dictionnaire des sciences naturelles*, vol. XXIII.
3. *Mémoires du Muséum*, vol. XIII.
4. *Ibid.*
5. *Ibid.*, vol. X.
6. Voyez ce que j'en ai dit, p. 203.
7. « Le naturaliste doit abandonner son cabinet, s'en-

des études approfondies, qui, faites sans idées préconçues, sans système, expression toujours fidèle de l'observation exacte, l'ont rendu unique en son genre. Il a été pour les animaux supérieurs ce que Réaumur et Bonnet avaient été pour les insectes.

F. Cuvier avait été nommé, en 1810, inspecteur de l'Académie de Paris; il fut nommé inspecteur général en 1831.

Il porta dans cette autre carrière la même conscience d'honnête homme, la même attention suivie, la même habitude des pensées utiles; et il nous a laissé, de tout cela, une trace précieuse dans son travail sur l'*enseignement de l'histoire naturelle dans nos collèges*.

Rollin, le bon recteur, cet homme qui avait tant médité sur l'instruction de la jeunesse, proposait, vers le commencement du dernier siècle, d'introduire l'histoire naturelle dans les collèges. Il voulait qu'on appli-

« foncer dans les bois pour suivre les allures de ces êtres « sentants.., » Voyez ci-devant, page 12.

quât les enfants à l'étude de ces phénomènes,
« dont ils seront toujours, disait-il, d'autant
« plus surpris qu'ils acquerront plus d'intel-
« ligence. »

L'ouvrage de Pluche parut alors[1]. Ce fut le
premier fruit de la pensée de Rollin[2], et peut-
être le seul ; car, pour voir l'histoire naturelle
pénétrer dans l'instruction publique, il faut
venir jusqu'à la création des écoles centrales.

Mais, à cette époque, l'histoire naturelle,
introduite dans nos écoles, est l'histoire naturelle avec tout ce qu'elle a d'austère et de
difficile, ses nomenclatures savantes, ses méthodes abstraites. Or, comme le remarque
très-bien F. Cuvier, d'abord nos colléges
actuels, même dans leurs plus hautes classes,
ne répondent pas tout à fait aux écoles centrales, et ensuite cet enseignement des mé-

1. Le *Spectacle de la nature* : ouvrage ingénieux,
attachant, qui mène doucement le lecteur de la *nature*
à *Dieu,* et, pour rappeler une belle expression de Rollin,
le rend attentif à la Providence.

2. « On nous avait conseillé d'abord, dit Pluche, le
titre de « *Physique des enfants.* » — C'est Rollin qui
avait *conseillé* ce titre.

thodes scientifiques, si utile pour les esprits déjà formés, ne saurait convenir à l'enfance.

Il faudrait donc, après plus d'un siècle, revenir à la pensée de Rollin, qui voulait *deux histoires naturelles,* une pour les savants, et l'autre pour les enfants. Il faudrait, en un seul mot, proportionner les études à l'âge.

« J'appelle *physique des enfants,* dit Rollin,
« une étude de la nature qui ne demande que
« des yeux... Elle consiste à se rendre atten-
« tif aux objets que la nature nous présente,
« à les considérer avec soin, à en admirer les
« différentes beautés, mais sans en approfon-
« dir les causes secrètes, ce qui est du ressort
« de la *physique des savants* [1]. »

La curiosité est, dans l'enfance, le premier ressort de l'intelligence. Et c'est pourquoi l'*histoire naturelle* conviendrait si fort à cet âge.

Conduisez un enfant dans un *cabinet d'histoire naturelle :* il n'est rien qu'il ne voie,

1. *Traité des études,* t. II, p. 498.

qu'il ne touche, sur quoi il ne vous interroge.
On sent alors toute la justesse de ce mot de
Rollin, qui, bien compris, nous donnerait,
en effet, tout le secret de l'éducation : « Il est
« inconcevable combien les enfants pourraient
« apprendre de choses, si l'on savait profiter
« de toutes les occasions qu'eux-mêmes nous
« en fournissent[1]. »

F. Cuvier était pénétré pour son frère
d'une admiration qui tenait du culte. C'est
pour ce frère qu'il vivait, c'est pour ce frère
qu'il s'était fait naturaliste. Quant à lui, il
voulut être oublié. Sa modestie avait un
charme particulier ; elle était si vraie qu'on
eût dit que son mérite n'avait pas percé jusqu'à lui.

F. Cuvier fut nommé, le 24 décembre 1837,
professeur au Muséum d'histoire naturelle.
Quelques mois après (au mois de juillet
1838), se trouvant à Strasbourg, en tournée
comme inspecteur, il se sentit, tout à coup,

---

1. *Traité des études,* t. II, p. 498.

frappé de la même maladie qui avait enlevé son frère, six ans plus tôt.

Les progrès du mal furent si rapides qu'il dut perdre jusqu'à l'espoir de revoir son fils. Il mourut en prononçant ces paroles : « Qu'on mette sur ma tombe : *Frédéric* « *Cuvier, frère de Georges Cuvier.* »

FIN.

TABLE

FIN DE LA TABLE.

PARIS. — IMPRIMERIE DE J. CLAYE, RUE SAINT-BENOIT, 7.

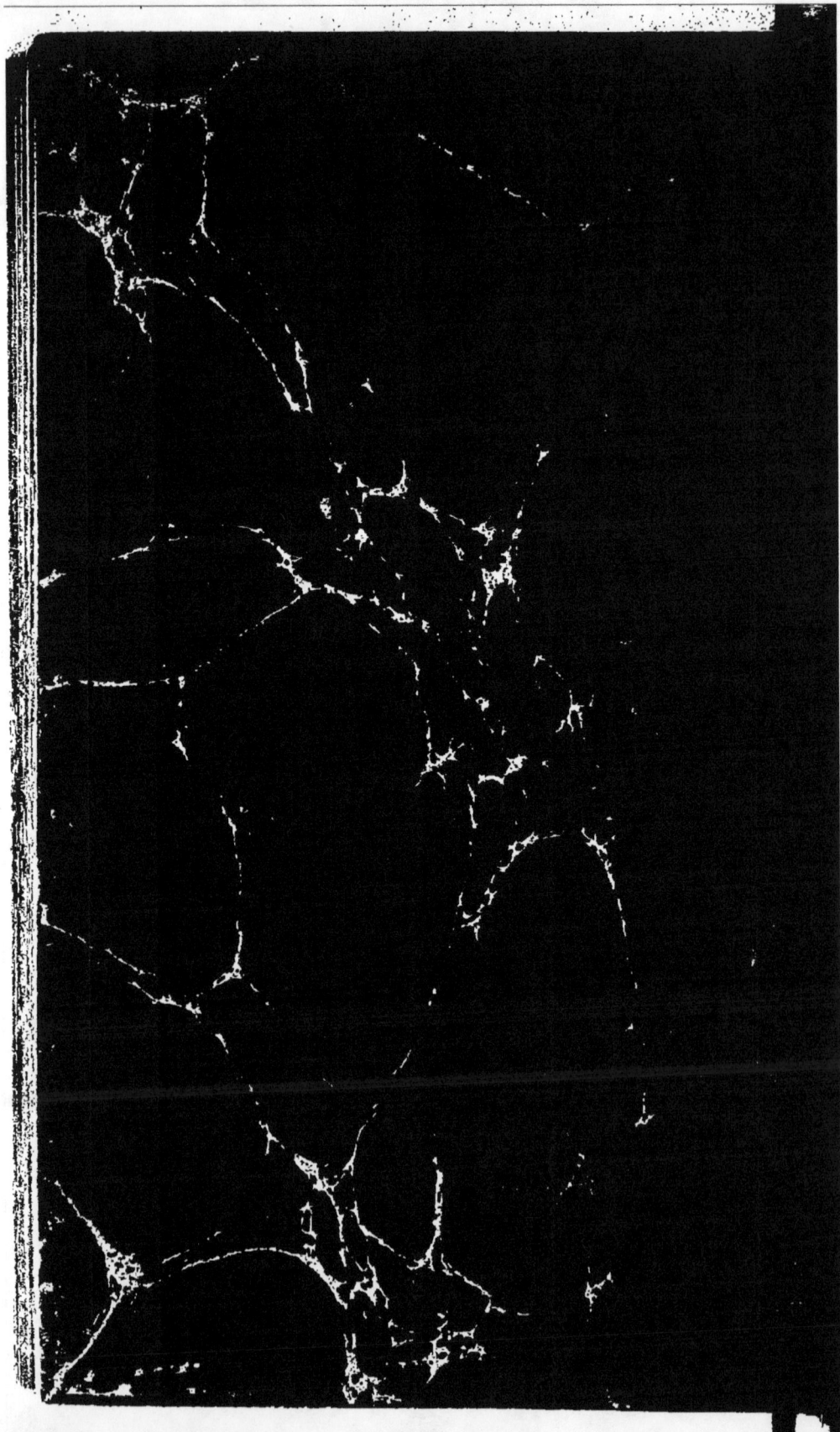

www.ingramcontent.com/pod-product-compliance
Lightning Source LLC
Chambersburg PA
CBHW060137200326
41518CB00008B/1067